建筑装饰工程施工

主　编　杜　贇
副主编　郭　多
参　编　王潇骏　周毅英　张　珺

北京理工大学出版社
BEIJING INSTITUTE OF TECHNOLOGY PRESS

内容简介

本书以老王夫妇装修进程为独特线索，全面系统地呈现了建筑装饰工程施工的全过程。全书以建筑装饰装修各部位施工环节为主线，分为5个项目，计23个学习任务，内容包括：绪论、施工前准备与隐蔽工程、泥瓦工程施工、木工工程施工、涂饰工程施工、成品材料选购。

本书可以作为建筑装饰行业人员的参考用书，也可以作为相关行业人员岗位培训用书。

图书在版编目(CIP)数据

建筑装饰工程施工 / 杜赟主编. -- 北京 : 北京理工大学出版社, 2024.4.
ISBN 978-7-5763-4289-5

Ⅰ. TU767

中国国家版本馆 CIP 数据核字第 2024FN4371 号

责任编辑：陈莉华　　**文案编辑**：李海燕
责任校对：周瑞红　　**责任印制**：施胜娟

出版发行 / 北京理工大学出版社有限责任公司
社　　址 / 北京市丰台区四合庄路6号
邮　　编 / 100070
电　　话 / (010) 68914026 (教材售后服务热线)
(010) 63726648 (课件资源服务热线)
网　　址 / http://www.bitpress.com.cn

版 印 次 / 2024年4月第1版第1次印刷
印　　刷 / 定州市新华印刷有限公司
开　　本 / 889 mm×1194 mm　1/16
印　　张 / 15.5
字　　数 / 316千字
定　　价 / 89.00元

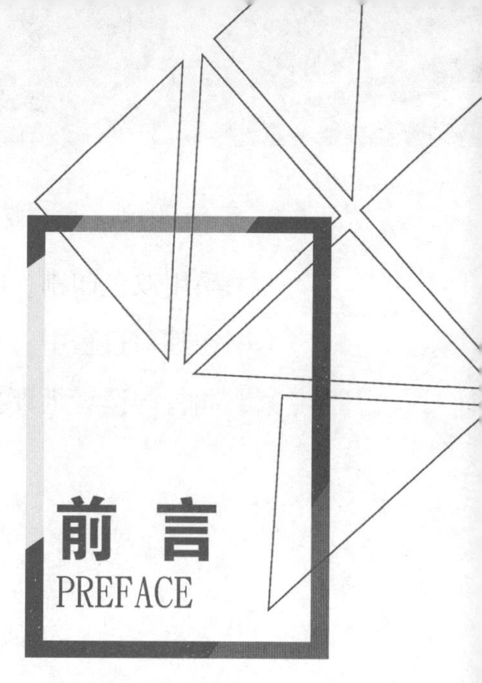

前言
PREFACE

在当今社会，建筑装饰工程已成为建筑领域中不可或缺的重要组成部分。随着人们生活水平的不断提高以及对建筑环境品质需求的日益增长，建筑装饰工程的重要性愈发凸显。

本书的特色主要包括以下几点：

1. 采用项目任务式编写体例

本书设置5个项目23个学习任务，是围绕着建筑装饰工程的核心任务来布置的，本着“够用”“实用”的原则，展开知识、技能的学习和训练。全书以老王夫妇的装修进程为线索，从家装施工前准备与隐蔽工程开始，到泥瓦工程施工、木工工程施工、涂饰工程施工，最后到成品材料选购，精心设置了5个实践项目。每个项目按照家装施工流程设置相应的实践任务，每个任务以“任务引入→任务分析→任务实施→任务评价→任务总结”的逻辑关系开展任务学习与实践。

2. 三全育人，落实立德树人根本任务

为贯彻落实党的二十大报告中关于立德树人的根本任务，本书每个项目的开始都设置了“素养目标”，每个项目的结尾都设置了“案例讨论”，以装饰施工的案例为切入点，提升读者认真、脚踏实地的工作态度，培养学生安全至上、服务至上的职业精神，激发读者勇于创新、精益求精的开拓精神。

3. 数字化、立体化，配备丰富的数字资源

本书配有多维数字资源，包括微课视频和电子课件等，符合当前信息化发展要求。

4. 双色印刷，版式精美

本书采用双色印刷，版式设计精美，语言通俗易懂，图文并茂，有助于提升学习效果。

本书在编写过程中，虽然精心准备，尽量考虑周全，但是难免存在疏漏或不妥之处，敬请专家、同行与读者批评指正。

编　者

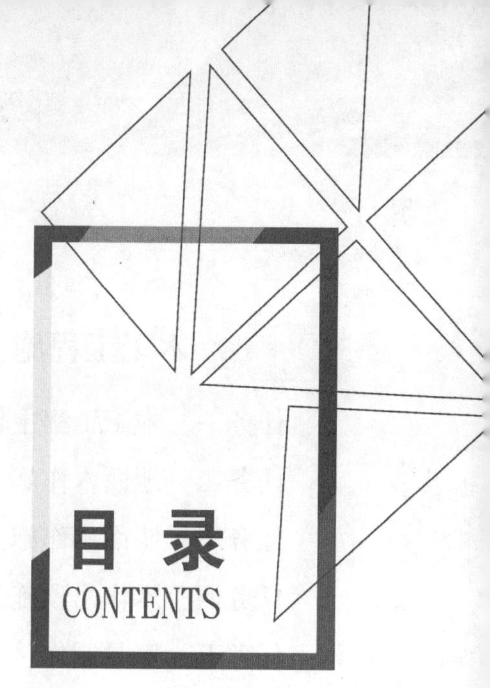
目 录
CONTENTS

绪　论

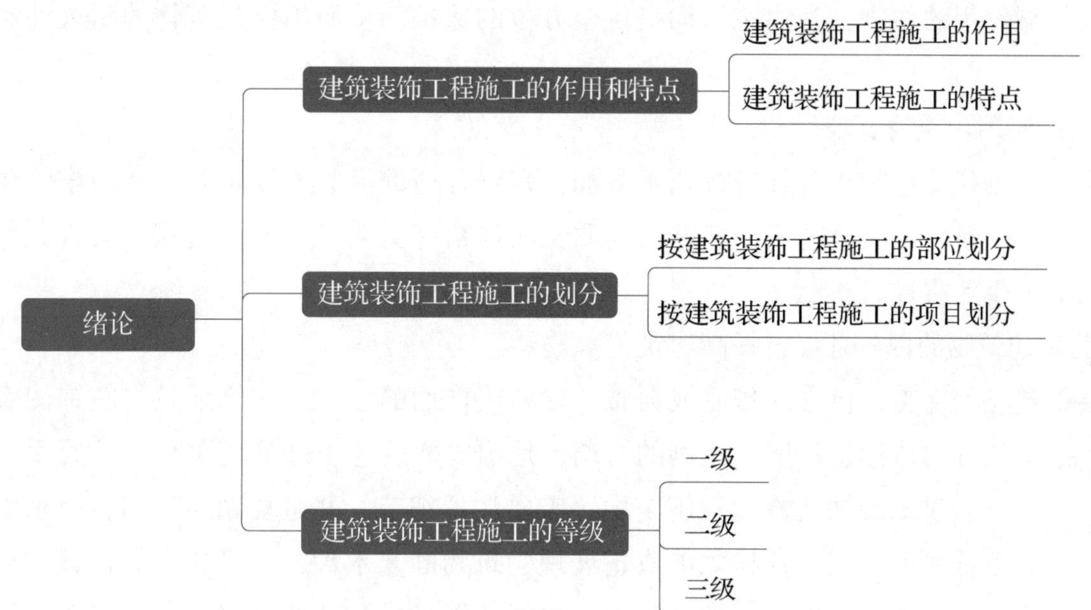

建筑装饰装修工程是现代建筑工程不可或缺的一部分，它不仅是为了延伸、深化和完善现代建筑工程而采取的一系列工程措施，更承载着社会发展与进步的重要使命。

建筑装饰装修工程通过采用各种装饰装修材料或饰物，对建筑物的内外表面及空间进行处理，以达到满足人们对建筑环境的美学和实用需求的目的。这一过程中，我们应当始终秉持可持续发展的理念，注重环保材料的选用，减少对环境的负面影响，为建设美丽中国贡献力量。

在建筑装饰装修工程中，需要考虑多个因素，如建筑物的结构、功能、安全性、环保性等。这就要求专业的设计师和技术人员具备高度的责任感和使命感，以人民为中心，从使用者的需求出发，进行全面的规划和设计，确保建筑装饰装修工程的质量和效果。正如习近平总书记所说：“人民对美好生活的向往，就是我们的奋斗目标。”我们在建筑装饰装修工作中，要努力为人民创造更加美观、舒适、安全、环保的居住和工作环境。

建筑装饰装修工程是现代建筑工程中不可或缺的一部分，它为建筑、环境的美学和实用需求提供了重要的支持。在新时代，我们更应将创新、协调、绿色、开放、共享的新发展理念融入其中，不断推动建筑装饰装修行业的高质量发展，为实现中华民族伟大复兴的中国梦添砖加瓦。

一、建筑装饰工程施工的作用和特点

1. 建筑装饰工程施工的作用

(1) 保护建筑结构

为了有效地保护建筑结构，增强其耐久性和延长使用寿命，需要采用现代装饰材料及科学合理的施工工艺，对建筑结构进行有效的包覆，使其免受风吹雨打、湿气侵袭、有害介质的腐蚀以及机械作用的伤害，为建筑结构提供全方位的保护，从而确保建筑物的耐久性和稳定性。

(2) 满足使用功能的要求

能够合理规划建筑空间，对其进行艺术分隔，布置合适的家具和装饰物，从而增强建筑的实用性。通过建筑装饰装修艺术，能够将物质文明与精神文明进行有效链接，改善工作环境，提升人们的生活质量。

(3) 美化建筑物的内外环境，提高建筑艺术效果

建筑装饰造型的优美，色彩的华丽或典雅，材料或饰面的独特，装饰线条与花饰图案的巧妙处理，细部构件的体形、尺度、比例的协调，是构成建筑艺术和环境美化的重要手段和主要内容，因此，在建筑装饰装修工程施工中，需要注重细节，并且要精益求精，力求将每一个细节处理得尽善尽美。只有这样才能真正展现建筑物的艺术性，并且让人们在其中获得愉悦和享受。同时也要注重环保和可持续发展，选择环保材料和节能技术，为未来留下更美好的生活空间。

2. 建筑装饰工程施工的特点

(1) 建筑装饰装修工程施工的附着性

建筑装饰装修工程施工的附着性是指建筑装饰与建筑物密不可分，不能脱离建筑物而单独存在。

(2) 建筑装饰装修工程施工的规范性

从事建筑装饰装修行业的人员应该具备严格执行国家政策和法规的强烈意识，秉承严肃的态度和高度的责任感。施工人员必须是经过专业和职业培训的持证人员，技术人员应具备美学知识、审图能力、专业技能和及时解决问题的能力，以保障施工质量和安全。

(3) 建筑装饰装修工程施工组织管理的严密性

由于工作场地狭小，施工工期紧迫，施工人员工种复杂，工序繁多，因此需要严格控制施工过程，确保施工有序、高效、安全。在建筑装饰装修工程施工组织管理中，我们必须保持高度的严谨性和专业性，确保施工质量和安全。

二、建筑装饰工程施工的划分

1. 按建筑装饰工程施工的部位划分

在室内建筑中，内墙面、吊顶、楼地面、隔断、隔墙、楼梯以及室内的灯具、家具陈设等也都属于装饰装修工程。而在室外建筑中，外墙面、台阶、入口、门窗、屋顶、檐口、雨棚以及建筑小品进行装饰，以增强建筑的美观性和实用性。

2. 按建筑装饰工程施工的项目划分

根据《建筑装饰装修工程质量验收标准》（GB 50210—2018），装饰装修工程被细分为多个部分，包括建筑抹灰工程、外墙防水工程、门窗工程、吊顶工程、轻质隔墙工程、饰面板工程、饰面砖工程、幕墙工程、涂饰工程、裱糊与软包工程、细部工程等。

三、建筑装饰工程施工的等级

根据国家有关规定，建筑装饰装修等级分为三级。

1. 一级

高级宾馆、别墅、纪念性建筑、大型博览建筑、大型体育建筑、一级行政机关办公楼、市场商场。

2. 二级

科研建筑、高教建筑、普通博览建筑、普通观演建筑、普通交通建筑、普通体育建筑、广播通信建筑、医疗建筑、商业建筑、旅馆建筑、局级以上行政办公楼、中级居住建筑。

3. 三级

中小学和托幼建筑、生活服务建筑、普通行政办公楼、普通居住建筑。

针对不同类型建筑物，各部位所允许使用的材料和做法也不相同。在选择建筑装饰装修的做法时，需要考虑建筑物的类型、规划位置以及造价控制等方面的要求，因此，建筑装饰装修等级和标准的确定并不是一概而论的。同类型的建筑物，在不同的规划位置下，例如沿城市主干道的两侧或一般小区街坊，装修标准可能会有所不同。同一栋建筑中，不同用途的房间也应采用不同的标准。在进行建筑装饰装修时，需要综合考虑多方面因素，确保达到相应的等级和标准。

项目一

施工前准备与隐蔽工程

- 施工前准备与隐蔽工程
  - 施工前准备工作
    - 业主的准备
    - 建筑装饰装修公司的准备
  - 墙体拆建
    - 拆除墙体
    - 新建墙体(准备材料→调和砂浆→水平墙面→砌砖→填补缝隙)
  - 水路工程施工
    - 镀锌铁管、铜管、不锈钢管、铝塑复合管、不锈钢复合管、PVC(聚氯乙烯)管、PP(工程级聚丙烯)管
    - 穿管孔洞的预先开凿→水管量尺下料→管口套丝→管路支托架预埋件的预埋→预装→检查→正式连接安装
  - 电路工程施工
    - 验收材料→电路定位→电路开槽→穿管→布线、埋线→弯管→封槽安装
  - 防水工程施工
    - 卫生间防水施工
      - 常见的卫生间防水质量问题及防治措施
      - 基面处理→做防水层→蓄水试验，组织验收
    - 楼顶及露台防水施工
      - 防水材料
      - 防水涂料的基本特点
      - 防水施工
      - 防水施工原则
      - 基层处理→测试卷材→卷材的铺贴、搭接

项目目标

一、知识目标

1）理解施工前准备工作的内容。

2）能够阐述墙体拆建的施工流程。

3）掌握水路工程施工的要点。

4）掌握电路工程施工的要点。

5）能够阐明防水工程施工的部位。

二、技能目标

能够根据相关规定要求进行隐蔽工程施工。

三、素养目标

养成遵守国家规范、按规范施工的良好工作习惯。

任务一　施工前准备工作

任务引入

老王夫妇要对购买的房产进行装修，特选定了合作的某装饰装修公司，随后老王夫妇了解到在准备施工前需要做一些准备工作，包括该装饰装修公司也应该在施工前做一些准备工作。

任务分析

根据建筑装饰工程施工的工艺流程，在正式进场施工之前，建筑装饰装修公司和业主都需要进行各自的开工准备。

任务实施

一、业主的准备

在建筑装饰装修公司进驻工地开始施工之前，业主需要进行以下准备工作：

业主需要前往小区所在的物业办理装修手续，如果业主要拆除非承重墙，还需要办理相关的拆除审批手续，一般情况下，现场查勘、鉴定合格后，业主能在一周后拿到墙体改动审批证。当两证齐全后，业主需告知装饰公司，以便正式进场施工。

此外，如果业主需要用铝合金封闭阳台、安装中央空调、铺设地暖等，需要提前与设计师沟通，并尽快确定铝合金颜色、中央空调及地暖厂家，以免影响后续施工而延误工期。

二、建筑装饰装修公司的准备

建筑装饰装修公司需要根据项目的设计风格、业主要求等具体内容，安排合适的项目经理和施工工人。

项目经理需要掌握项目的整套施工图纸和项目预算清单，在项目施工前做到心中有数，并记录图样和预算清单上不明确的部分，等待开工前再与设计师详细沟通，解决不明确的问题，并且项目经理必须严格按照相关规定办理出入证明，以确保施工过程的合法性和安全性。

任务评价

知识点评价表

序号	评价内容	评价标准	配分	评价方式			
				客观评价	主观评价		
				系统	师评（50%）	互评（30%）	自评（20%）
1	预习测验	能够知道业主应该做哪些准备工作	20				
2		能知道建筑装饰装修公司应该做哪些准备工作	20				
3	课堂问答	能正确说出业主需要办理哪些手续	20				
4		能正确说出项目经理需要做哪些准备工作	20				
5	课后作业	能转换不同角色对施工前的准备工作进行总结	20				
总配分			100 分				

素养点评价表

序号	评价内容	评价标准	配分	评价方式			
				客观评价	主观评价		
				系统	师评（50%）	互评（30%）	自评（20%）
1	学习纪律	考勤，无迟到、早退、旷课行为	20				
2		课上积极参与互动	20				
3		尊重师长，服从任务安排	20				
4	团队意识	有团队协作意识，积极、主动与人合作	20				
5	创新意识	能够根据现有知识举一反三	20				
否决项		违反教室守则，在教室内嬉戏打闹、损坏教室设备等影响恶劣行为者，该任务职业素养记为零分	0				
总配分			100 分				

任务总结

开工手续的办理

在装修开始之前需要先去物业办理开工手续，主要包括以下内容：

1）在物业出具的装修协议上签字。

2）向物业提供装修图纸，物业主要审查水电和墙体的拆改项目是否合格。

3）办理“开工证”。

4）为工人办理出入证明。

5）缴纳装修保证金。

6）缴纳垃圾清运费。

隐蔽工程

任务二　墙体拆建

任务引入

老王夫妇要对购买的房产进行装修，老王希望对墙体进行拆改，而王太太担心房屋的承重会出现问题。所以他们来到建筑装饰装修公司找设计师进行咨询，对于老王夫妇的顾虑，设计师向他们介绍了墙体拆改的相关规定和要求，并且对老王夫妇提出了自己的建议。

老王夫妇需带上自己的不动产证、房屋结构图和建筑装饰装修公司提供的局部非承重墙体等拆除的图样，办理相关的拆除审批手续。

同时，老王夫妇也知道了一些墙体拆建的基本原则及施工方法。

任务分析

砂、水泥等材料在装修工程中，是不可或缺的工程基础材料。

1. 砂

砂是建筑工程中不可或缺的材料，尤其是在水泥砂浆中的作用更为重要。如果水泥砂浆中没有砂，其凝固强度将几乎为零，因此砂的重要性不言而喻。

根据规格，砂可分为细砂、中砂和粗砂。其中，粒径在 0. 25～0. 35 mm 的为细砂，0. 35～0. 5 mm 的为中砂，大于 0. 5 mm 的则称为粗砂。对于一般家装来说，推荐使用中砂。

从来源上看，砂又可分为海砂、河砂和山砂。然而，在建筑装饰中，国家是严禁使用海砂的。虽然海砂看起来洁净，但是其盐分高，会对工程质量造成很大的影响。如果需要辨别是否为海砂，主要可以通过观察砂子中是否含有海洋细小贝壳来进行判断。而山砂表面粗糙，水泥附着效果好，但是其成分比较复杂，多数含有泥土和其他有机杂质。因此，在一般工程中，我们都推荐使用河砂。河砂表面粗糙度适中，干净程度高，含杂质较少。一般市面上购买回来的砂都需要经过筛选后才能使用。

2. 水泥

根据颜色和成分的不同，可分为黑色水泥、白色水泥、彩色水泥、硅酸盐水泥、普通硅酸盐水泥、矿渣水泥、火山灰水泥和粉煤灰水泥等多种类型。其中，黑色水泥主要用于砌墙、墙面批烫和粘贴瓷砖等建筑工程；白色水泥多用于填补砖缝等修饰性的用途；彩色水泥主要应用于水面具有装饰性的装修项目和一些人造地面，例如水磨石。

根据粘结力的不同，水泥还可以分为不同的强度等级。国家于 2023 年 11 月制定了新的标准《通用硅酸盐水泥》(GB 175—2023),规定了通用硅酸盐水泥的分类、组分与材料、强度等级、试验方法等。标准实行以 MPa 表示的强度等级,例如 32.5、32.5R、42.5、42.5R 等,使强度等级的数值与水泥 28 天抗压强度指标的最低值相同。标准还统一规划了我国水泥的强度等级,硅酸盐水泥、普通硅酸盐水泥分为 42.5、42.5R、52.5、52.5R、62.5、62.5R 六个等级。矿渣硅酸盐水泥、粉煤灰硅酸盐水泥、火山灰质硅酸盐水泥分为 32.5、32.5R、42.5、42.5R、52.5、52.5R 六个等级。复合硅酸盐水泥分为 42.5、42.5R、52.5、52.5R 四个等级。

3. 添加剂

使用水泥砂浆添加剂的目的是加强其粘结力和弹性,其主要品种包括 107 胶(聚乙烯醇缩甲醛胶粘剂)和白乳胶(聚醋酸乙烯胶粘剂)。

1)107 胶(聚乙烯醇缩甲醛胶粘剂)。由于 107 胶含毒,污染环境,目前国内一些地方已经开始禁止使用。

2)白乳胶(聚醋酸乙烯胶粘剂)。性能要比 107 胶好,但价格也相对较高。

4. 水泥、砂浆的调配

一般来说,家装中水泥和砂浆的比例约为 1∶3(水泥∶砂),而水的用量则应以现场视感为主,不能太干也不能太稀。此外,添加剂的比例应控制在 40%以内。

5. 红砖

红砖通常由红土或煤渣制成。由于各地土质不同,红砖的颜色也会有所差异。一般而言,红土或煤渣制成的砖更为坚固。然而,制造红砖需要取粘土,这可能会破坏农田或自然植被,加上结构承重的问题。因此,国家已经开始禁止在建筑中使用红砖。

红砖规格一般为 225 mm×105 mm×70 mm,公差为±5 mm。

6. 空心砖

空心砖是目前建筑行业广泛采用的墙体主材之一。其具有质轻、消耗原材料少等优点,已成为国家建筑部门推荐的产品。通常,空心砖的制造原料主要有粘土和煤渣灰,其规格常见为 240 mm×115 mm×90 mm。

7. 填缝剂

彩色砖石填缝剂是一种新型的单组分水泥基聚合物改性干混合砂浆,具有持久、防水、耐压等特点,是一般填缝材料白水泥的替代品。该产品适用于高级装饰工程,可填充各种石材及瓷砖缝隙。使用时,有两种调配方式:一是适量清水并充分搅拌至均匀无颗粒膏糊状;二是先加水于桶内,然后慢慢加入粉剂,并不断搅拌至均匀无颗粒成膏状。

使用填缝剂的缝隙不应小于 1 mm,以 1~5 mm 为宜,也可采用宽缝做法,即缝隙在 6~12 mm。该产品适用于高级装饰工程,其优异的性能和便捷的使用方式受到越来越多人的青睐。

任务实施

一、任务准备

通过对墙体拆建项目的学习与了解，在砌墙施工现场对砌墙施工项目进行施工项目实操训练。

1）分组练习：每 5 人为一个小组，按照施工方法与步骤认真进行技能实操训练。

2）组内讨论、组间对比：组员之间可就有关施工的方法、步骤和要求进行相互讨论与观摩，以提高实操练习的质量与效率。

二、拆除墙体

根据审批手续和设计图纸，首先在拆除墙体上划线，确定要拆除的部分，其次开始拆除墙体，最后按要求完工后，清理搬运建筑垃圾。

三、新建墙体

新建墙体的施工工艺流程：准备材料→调和砂浆→水平墙面→砌砖→填补缝隙，如图 1-1~图 1-5 所示。

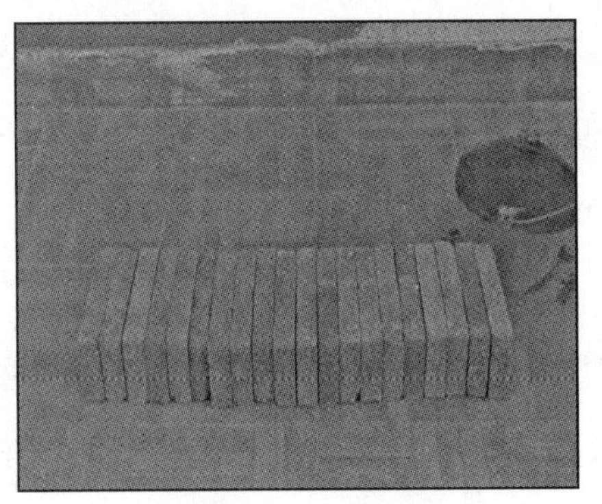

图 1-1　材料准备

图 1-2　调和砂浆

95 砖砌墙

图 1-3　水平墙面

图 1-4　砌砖

图 1-5　填补缝隙

任务评价

知识点评价表

序号	评价内容	评价标准	配分	评价方式			
				客观评价	主观评价		
				系统	师评（50%）	互评（30%）	自评（20%）
1	预习测验	能够知道墙体拆建的目的	10				
2		能简述新建墙体的施工流程	10				
3		能说出拆除墙体的工作流程	10				
4	课堂问答	能正确说出砂的作用、分类以及使用要求	10				
5		能正确说出水泥的分类以及水泥的相关要求	10				
6		能正确说出添加剂的主要品种及性能	10				
7		能简述空心砖的规格及相关要求	10				
8		能简述彩色砖石填缝剂的施工要求	10				
9	课后作业	能对墙体拆除以及墙体新建的工作流程以及相关要求进行总结	20				
总配分			100 分				

技能点评价表

序号	评价内容	评价标准	配分	评价方式			
				客观评价	主观评价		
				系统	师评（50%）	互评（30%）	自评（20%）
仿真	工具选择	工具选择错误一个扣1分	10				
	材料选择	材料选择错误一个扣1分	10				
	操作步骤	操作步骤错误一步扣2分	10				
实操	拆除墙体划线	划线不规范、不准确扣10分	10				
	清理建筑垃圾	场地不整洁酌情扣分	10				
	调和砂浆	不符合规范要求扣10分	10				
	水平墙面	≤4 mm	10				
	垂直墙面	≤4 mm	10				
	阴阳角方正	≤4 mm	10				
	填补缝隙	必须严密，不允许有缝隙	10				
总配分			100分				

素养点评价表

序号	评价内容	评价标准	配分	评价方式			
				客观评价	主观评价		
				系统	师评（50%）	互评（30%）	自评（20%）
1	学习纪律	考勤，无迟到、早退、旷课行为	10				
2		课上积极参与互动	10				
3		尊重师长，服从任务安排	10				
4		充分做好实训准备工作	10				

续表

序号	评价内容	评价标准	配分	评价方式			
				客观评价	主观评价		
				系统	师评（50%）	互评（30%）	自评（20%）
5	卫生与环保意识	节约使用施工材料，无浪费现象	10				
6		操作时，工具和材料按要求摆放，操作台面整洁	10				
7		实训后，自觉整理台面、工具和材料	10				
8	规范意识	严格遵守实训操作规范，无违规操作	10				
9		在规定时间内完成任务	10				
10	团队意识	有团队协作意识，积极、主动与人合作	10				
否决项		违反实训室守则，在实训室内嬉戏打闹、损坏实训室设备等影响恶劣行为者，该任务职业素养记为零分	0				
总配分			100 分				

任务总结

墙体拆建施工要点

1）建筑装饰装修公司进入施工现场前，规范整套施工图纸中包括非承重墙的墙体改动。

2）进入施工现场之后，项目经理会用记号笔在施工基层上标注需要施工的部位、尺寸等基本信息，以便安排工人进行施工。

3）砌筑墙体时，时刻监测墙体的垂直度、平整度，一旦出现问题及时修正。

4）自上而下砌筑墙体时，注意砌筑砂浆的缝隙应符合要求，注意新旧墙体之间的充分咬接。

5）砌筑墙体需开门、窗、洞时，为确保安全，必须使用预制钢筋混凝土过梁，保证平整性。

任务三　水路工程施工

任务引入

在设计师给老王夫妇的设计方案中，考虑到墙体变化对水路工程的施工带来的变化，老王夫妇就水路施工方案，以及水管材料等的选择，咨询设计师。

设计师首先向老王夫妇介绍了设计的水路施工方案和拆改墙体前有什么不一样，并讲解具体施工方法。同时建议老王采用 PPR 水管作为水路施工材料。

任务分析

对于家庭装修来说，给排水管道主要是指给水管道部分。现在市面上的管道材质五花八门，用户往往摸不到头绪。那么究竟有哪些种类，又有哪些适合使用呢？

1. 镀锌钢管

镀锌钢管是目前使用量最大的一种材料。由于镀锌钢管的锈蚀造成水中重金属含量过高，影响人体健康，许多发达国家和地区的政府部门已开始明令禁止使用镀锌钢管。目前我国正在逐渐淘汰这种类型的管道。

2. 铜管

铜管是一种比较传统但价格较贵的管道材料，耐用而且施工较为方便。在很多进口卫浴产品中，铜管都是首选。价格是影响其使用量的最主要原因，另外铜的锈蚀也是一方面的因素。

3. 不锈钢管

不锈钢管是一种较为耐用的管道材料。但其价格较高，且施工工艺要求比较高，尤其材质强度较硬，现场加工非常困难，所以装修工程中用得较少。

4. 铝塑复合管

铝塑复合管是目前市面上较受欢迎的一种管材，由于其质轻、耐用而且施工方便，其可弯曲性更适合在家装中使用。其主要缺点是在用作热水管时，长期的热胀冷缩会造成管壁错位，以致渗漏。

5. 不锈钢复合管

不锈钢复合管与铝塑复合管在结构上差不多，在一定程度上，性能也比较接近。同样，由于钢的强度问题，施工较为困难。

6. PVC（聚氯乙烯）管

PVC 管是一种现代合成材料管材。但近年来科技界发现，能使 PVC 变得更为柔软的化学添加剂酞，对人体内肾、肝、睾丸影响甚大，会导致癌症、肾损伤，并影响发育。一般而言，由于其强度远远不能适应水管的承压要求，因此极少用于自来水管。大部分情况下，PVC 管适用于电线管道和排污管道。

7. PP（工程级聚丙烯）管

PP 管分多种，分别为：

1）PPB（嵌段共聚聚丙烯）管。由于在施工中采用熔接技术，因此也俗称热熔管。由于其无毒、质轻、耐压、耐腐蚀的特性，正在成为一种推广的材料，但目前装修工程中选用的还比较少。一般来说，这种材质不但适用于冷水管道，也适用于热水管道，甚至纯净饮用水管道。

2）PPC（改共聚聚丙烯）管。性能基本同 PPB。

3）PPR（无规共聚聚丙烯）管。性能基本同 PPB。

PPC、PPB 与 PPR 的物理特性基本相似，应用范围基本相同，工程中可替换使用。主要差别为：PPC、PPB 材料耐低温性优于 PPR；PPR 材料耐高温性好于 PPC、PPB。在实际应用中，当液体介质温度<5℃时，优先选用 PPC、PPB 管；当液体介质温度>65℃时，优先选用 PPR 管；当液体介质温度在 5～65 ℃时，PPC、PPB 与 PPR 的使用性能基本一致。

任务实施

一、任务准备

通过对水路施工项目的学习与了解，在施工现场对水路工程项目进行施工项目实操训练。

1）分组练习：每 5 人为一个小组，按照施工方法与步骤认真进行技能实操训练。

2）组内讨论、组间对比：组员之间可就有关施工的方法、步骤和要求进行相互讨论与观摩，以提高实操练习的质量与效率。

二、材料及机具的准备

所准备的材料及机具。

1）铝塑复合管，如图 1-6（a）所示。

2）PPR 水管，如图 1-6（b）所示。

3）水管弯头及接口，如图 1-6（c）所示。

4）生料带，如图 1-6（d）所示。

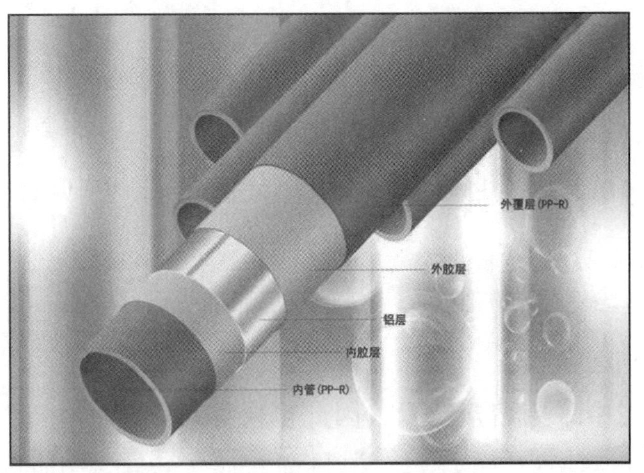

（a）

（b）

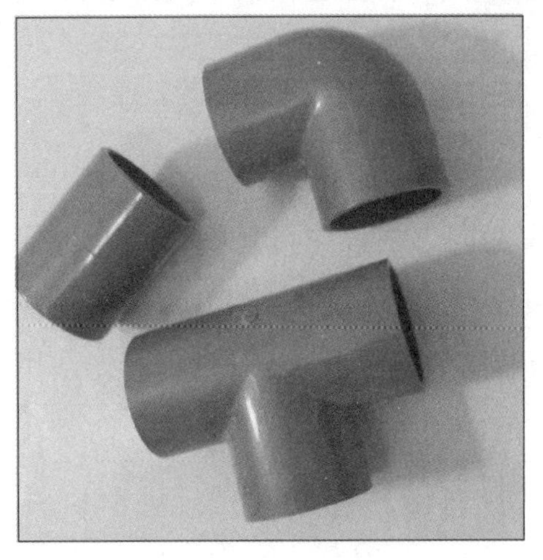

（c）

（d）

图 1-6　施工所用材料

（a）铝塑复合管；（b）PPR 水管；（c）水管弯头及接口；（d）生料带

5）施工所用机具，如图 1-7 所示。

(a)

(b)

(c)

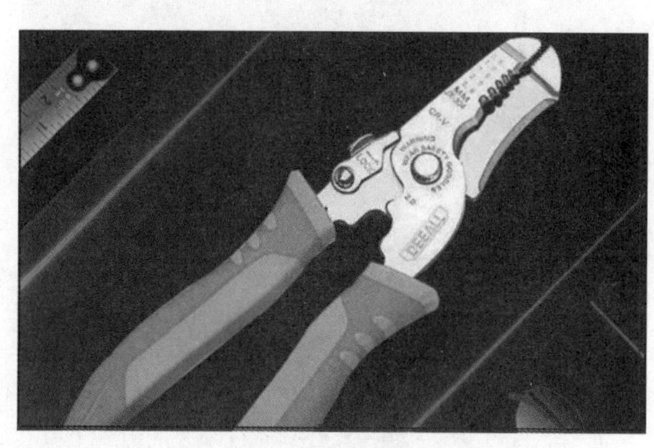

(d)

图 1-7　施工所用机具

(a) 开槽机；(b) 电镐；(c) 热熔器；(d) 电工钳

三、施工工艺流程

穿管孔洞的预先开凿→水管量尺下料→PPR 给水管热熔安装→管路支托架预埋件的预埋→预装→检查→正式连接安装，如图 1-8～图 1-12 所示。

图 1-8　穿管孔洞的预先开凿

图 1-9　水管量尺下料

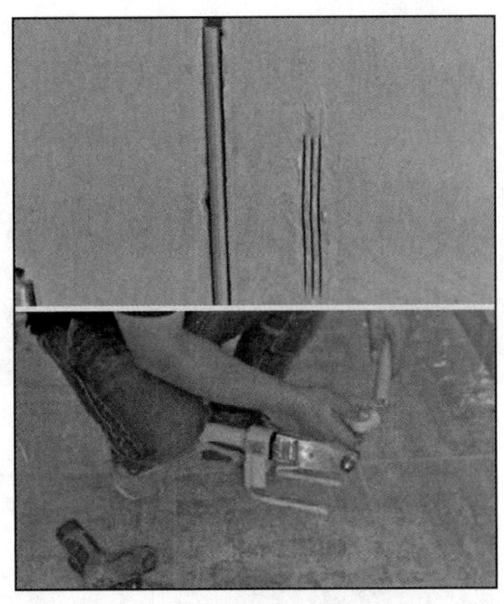

图 1–10　水管与管头热熔

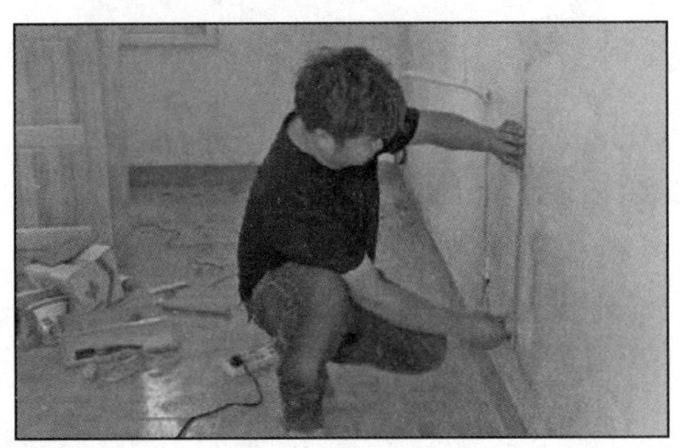

图 1–11　水管上墙预埋

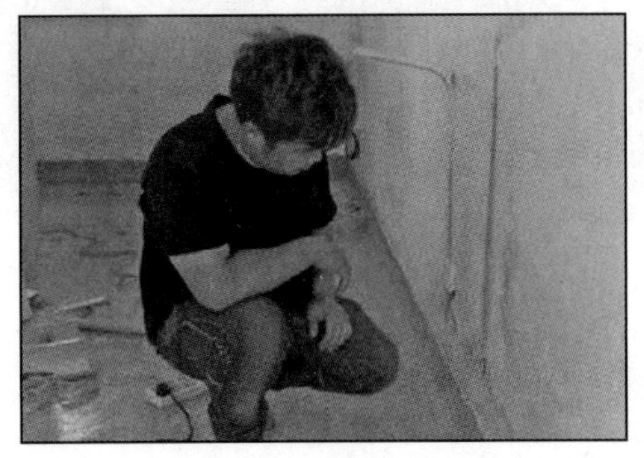

图 1–12　正式连接安装

水路施工

任务评价

知识点评价表

序号	评价内容	评价标准	配分	评价方式			
				客观评价	主观评价		
				系统	师评（50%）	互评（30%）	自评（20%）
1	预习测验	能够知道水路工程施工的目的	10				
2		能简述水路工程施工的施工流程	10				
3		能说出水路工程施工所用材料及工具	10				

续表

序号	评价内容	评价标准	配分	评价方式			
				客观评价	主观评价		
				系统	师评（50%）	互评（30%）	自评（20%）
4	课堂问答	能正确说出管道材料主要种类	10				
5		能正确说出镀锌钢管、铜管、不锈钢管的缺点	10				
6		能正确说出铝塑复合管的优缺点	10				
7		能正确说出不锈钢复合管的优缺点	10				
8		能正确说出 PVC 管的优缺点	10				
9	课后作业	能对水路工程施工的工作流程以及相关要求进行总结	20				
总配分			100 分				

技能点评价表

序号	评价内容	评价标准	配分	评价方式			
				客观评价	主观评价		
				系统	师评（50%）	互评（30%）	自评（20%）
仿真	工具选择	工具选择错误一个扣 1 分	5				
	材料选择	材料选择错误一个扣 1 分	5				
	操作步骤	操作步骤错误一步扣 2 分	20				
实操	新增的给水管道必须进行加压试验	无渗漏	15				

续表

序号	评价内容	评价标准	配分	评价方式			
				客观评价	主观评价		
				系统	师评（50%）	互评（30%）	自评（20%）
实操	安装牢固，位置正确，连接处无渗漏	安装牢固，位置正确，连接处无渗漏	15				
	管道间间距	给水管与燃气管平行敷设，距离≥50 mm；交叉敷设，距离≥10 mm	15				
	龙头、阀门、水表安装	安装平整，开启灵活，运转正常，出水畅通，左热右冷	10				
	管道安装	热水器应在冷水管左侧，冷、热水管间距>30 mm	15				
总配分			100 分				

素养点评价表

序号	评价内容	评价标准	配分	评价方式			
				客观评价	主观评价		
				系统	师评（50%）	互评（30%）	自评（20%）
1	学习纪律	考勤，无迟到、早退、旷课行为	10				
2		课上积极参与互动	10				
3		尊重师长，服从任务安排	10				
4		充分做好实训准备工作	10				

续表

序号	评价内容	评价标准	配分	评价方式			
				客观评价	主观评价		
				系统	师评（50%）	互评（30%）	自评（20%）
5	卫生与环保意识	节约使用施工材料，无浪费现象	10				
6		操作时，工具和材料按要求摆放，操作台面整洁	10				
7		实训后，自觉整理台面、工具和材料	10				
8	规范意识	严格遵守实训操作规范，无违规操作	10				
9		在规定时间内完成任务	10				
10	团队意识	有团队协作意识，积极、主动与人合作	10				
否决项		违反实训室守则，在实训室内嬉戏打闹、损坏实训室设备等影响恶劣行为者，该任务职业素养记为零分	0				
总配分			100 分				

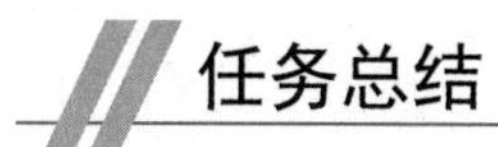

任务总结

一、施工要点

1）管路的连接一般采用螺纹连接的方法。

2）首先应根据管路改造设计要求，在墙面上标出穿墙孔洞的中心位置，用十字线标记在墙面上并用冲击钻打孔洞。孔洞中心线应与穿墙管道中心线吻合，孔洞应打得平直。

3）管口套丝是保证安装质量的关键环节，应确保管口套丝时不出现斜纹。

4）在管子安装前，必须先清理管内，使其内部清洁、无杂物。安装时，要注意接口质量，确保每个连接处都紧密无漏。同时，还要找准各甩头管件的位置与朝向，以确保安装后连接各用水设备的位置正确。

5）管线安装完毕后，应对管路进行清理，并涂刷防腐涂料和银粉膏，以保护管路不受腐蚀和氧化。

二、给水管道敷设安装

1. 给水管道铺设规范

1）冷水管在右（下），热水管在左（上），穿墙、梁时单独走一孔，水管端头左热右冷，两管间距不小于 30 mm。

2）住宅内给水立管，管中心距板、墙（未装修）最远不得大于 100 mm，最近不得小于 60 mm。给水系统安装完毕，综合水压试验和系统冲洗必须符合设计要求和施工规范。

3）试压：压力控制在 0.8 MPa 恒压 1 h，压力下降不应大于 0.05 MPa。

4）外露端头常规高度（均为净尺寸，定位时应按实际情况调整）具体要求如表 1-1 所示。

表 1-1　外露端头常规高度具体要求

序号	项目	高度/mm
1	淋浴	1 000
2	淋浴房	1 000
3	浴缸	650
4	洗脸盆（台下式）	500
5	厨房水池	600
6	洗衣机	机高+200
7	热水器	1 200～1 600

2. 给水管道铺设流程

给水管道铺设流程：弹线→开槽→布管→固定→封槽。

三、排水管道敷设安装

1. 排水管道铺设规范

1）台盆、洗衣机、地漏排水口尽量不移位，多个排水口到地漏，采用斜三通防返水或分开布管，接口处应密封。

2）多功能地漏（中央地漏）不得移位或封堵，若设计要求确需移位，应安装 50 地漏，内胆应保留。

3）卫生间新增排水口不得接入坑管，厨房有条件的保留地漏。

4）阳台新增排水口，可利用主排水管安装三通，宜采用明管敷设。

5）地面开槽排放下水管必须先做防水再排管。

6）新排下水管应粘接牢固，管径不得小于 40 mm；铺设应符合 20‰坡度。

7）改动前必须做通水试验，确认畅通、无渗漏后管口做好临时封堵。

2. 排水管道铺设流程

常用工具包括水桶、榔头、凿子、卷尺、墨斗、美工刀、钢锯、粗砂纸、干抹布、铁锹、扫帚等。

1）用水桶盛水对原下水口浇灌，确认通畅。

2）清除槽内渣土，用水湿透，按照防水使用说明刷好防水。

3）按照新增排水口位置测量长度，进行断管，断管后用美工刀除掉断口内毛刺。

4）正式安装之前进行试装，试装合格后，用干抹布擦拭管口及配件内侧。用粗砂纸将管口及配件内侧稍作打毛，然后涂胶粘接。

5）区域工作结束，清扫垃圾，清扫前洒水防尘。

注意：先做干管，再做支管；粘接时，将管子或配件稍作转动，以利粘接，分布均匀。

四、水路工程施工原则

1）在家庭装饰中，水管的安装非常重要。因为水管安装在地上，为了避免水管承受瓷砖和人的压力而裂开，建议将水管安装在顶部而不是地面。此外，走顶部的好处在于检修方便。

2）水管开槽的深度是有讲究的，冷水管埋后的批灰层要大于 1 cm，热水管埋后的批灰层要大于 1.5 cm。

3）冷、热水管要遵循左侧热水右侧冷水，上热下冷的原则。

4）现在的家庭装修给水管一般用 PPR 热熔管，它的好处在于密封性好、施工快，但是一定要提醒工人不要太急，用力不正的情况下，可能使管内堵塞，致使水流减小，如果是厕所冲水阀水管出现这种情况的话，便盆会冲洗不干净的。

5）在水管铺设完成后，封槽前，要用管卡固定，冷水管卡间距不大于 60 cm，热水管卡间距不大于 25 cm。

6）水平管道管卡的间距要注意，冷水管卡间距不大于 60 cm，热水管卡间距不大于 25 cm。

7）在安装冷、热水管时，管头的高度应该在同一水平面上，这样才能保证安装冷、热水开关时的美观度。

8）水管安装完成后，一定要立即用管堵将管头堵好，以免杂物掉进去造成麻烦。

9）水管安装完成了，千万不要忘记打压测试，打压测试就是为了检测所安装的水管有没有渗水或漏水现象，只有经过打压测试，才能放心封槽。

10）打压测试时，压力必须达到0.6 MPa以上，并等待20~30 min。若压力表指针位置未发生变化，则说明所安装的水管是密封的，可以放心进行封槽。

11）下水管虽然没有压力，也要放水检查，务必仔细检查是否有漏水或渗水现象。

五、水路施工的注意事项

1. 现场核对设备

现场核对家具、电器、卫生洁具和开关的位置及尺寸，确保符合设计要求。如果发现有不符合的情况，需要经过业主同意后，按实际情况加以调整并签字备案，避免后续施工过程中不必要的麻烦和纠纷。

2. 进场施工前必须先测弹水平线

检查原有给排水管是否畅通，总阀启闭是否灵活严密。如果发现关闭不严密的闸阀，应要求业主联系物业，及时调换成气密性强的截止阀。此外，还需要对厨卫地面做蓄水试验，以确保地面没有渗漏和漏水现象。同时，还需要查看原进户电源（电表容量、进线线径大小）、电话线、电视线、宽带信息网线是否连接到位，以便后续施工的顺利进行。

3. 管道与洁具

1）钢管全部采用螺纹连接，并用麻丝、厚漆或生料带封口。管道验收应符合加压≥0.6 MPa，稳压20 min管内压下降小于等于0.5 MPa为标准。下水管竣工后一律临时封口，以防杂物阻塞。这是保证管道质量的重要措施。

2）在进行冷、热水管的安装时，除设计注明外，应采用铝塑管，主管统一为ϕ20 mm，分管为ϕ16 mm。在安装前，必须检查管道是否畅通，确保安装质量。

3）不得随意改变排水管地漏及坐便器等的废、污排水性质和位置，特殊情况除外。排水管必须设存水弯，以防臭气上排。

4）管道安装不得靠近电源，并在电线管下面。交叉时需用过桥弯过渡，水管与燃气管的间距应该不小于50 mm。

5）在管道安装过程中，应横平竖直，铺设牢固。PVC下水管必须胶粘严密，坡度符合35/1 000的要求。

6）通往阳台的水管必须加装阀门，中间尽量避免接头。

7）冷、热水管外露管头间距必须根据龙头实际尺寸而决定。两只管头（明装管头心必须用镀锌式样管加长30 mm套管，确保以后三角阀安装并行）必须在同一水平线上；外露管头凸出抹灰应在10~15 mm，并用水泥砂浆固定，热水管埋入墙身深度应保证管外有15 mm以上的水泥砂浆保护层，以免受热釉面裂开（特殊情况除外）。长距离热水管须用保温材料处理。

8）外露管头常规高度如表 1–2 所示（均为净尺寸）。

表 1–2　外露管头常规高度

序号	项目	高度要求/cm
1	淋浴龙头	110
2	洗脸（菜）盆出水口	60
3	浴缸龙头	650
4	洗衣机水龙头	110 或洗衣机侧

9）在前期工程完工时，必须安装工地临时用水龙头 1～2 只（以低龙头为佳），并提供后期所需材料清单（规格、数量、种类），以便客户自行安排时间选购。

10）坐便器的安装必须使用油石灰或硅酮胶、黄油卷连接密封，严禁使用水泥砂浆固定。水池下水和浴缸排水必须使用硬管连接。

11）卫生洁具的安装必须牢固，不得松动，排水畅通，各处连接密封无渗漏。安装完毕后盛水 2 h，自行用目测和手感法检查一遍。

12）在所有卫生洁具及其配件安装前及安装完毕之后，均应检查一遍，查看有无损坏。工程安装完毕后，应对所有用水洁具进行一次全面检查。

任务四　电路工程施工

任务引入

在介绍完水路工程施工后，设计师向老王夫妇介绍了电路分配线路及施工方法。

室内电气布线是家居装修装饰中的一项基础工程，其工程质量的好坏直接关系到住户的用电安全和方便，埋线、接线等都要严格按照标准执行。

任务分析

家庭用电源线宜采用 BVV2×2.5 和 BVV2×1.5 型号的电线。BVV 是国家标准代号，为铜质护套线，2×2.5 和 2×1.5 分别代表 2 根 2.5 mm^2 和 2 根 1.5 mm^2。一般情况下，2×2.5 作主线、干线，2×1.5 作单个电器支线、开关线。单相空调专线用 BVV2×4，另配专用地线。

购买电线，首先，看成卷的电线包装上有无中国电工产品认证委员会的“长城标志”和生产许可证号。其次，看电线外层塑料皮是否色泽鲜亮、质地细密，用打火机点燃应无明火。

非正规产品使用再生塑料，色泽暗淡，质地疏松，能点燃明火。再次，看长度、比价格，BVV2×2.5 每卷的长度是 100(±5) m，市场售价 280 元左右，非正规产品长度 60~80 m 不等，有的厂家把 E 绝缘外皮做厚，使内行也难以看出问题，一般可以数一下电线的圈数，然后乘以整卷的半径，就可大致推算出长度。最后，可以要求商家剪开一头，看铜芯材质。2×2.5 铜芯直径 1.784 mm，可用千分尺量一下，正规产品电线使用精红紫铜，外层光亮而稍软，非正规产品铜质偏黑而发硬，属再生杂铜，电阻率高，导电性能差，会升温而不安全。另外，购买电线应去交电商店或厂家门市部。

任务实施

一、任务准备

通过对电路施工项目的学习与了解，在施工现场对水路工程项目进行施工项目实操训练。

1）分组练习：每 5 人为一个小组，按照施工方法与步骤认真进行技能实操训练。

2）组内讨论、组间对比：组员之间可就有关施工的方法、步骤和要求进行相互讨论与观摩，以提高实操练习的质量与效率。

二、材料的准备

电路施工需要的材料，如图 1-13 所示。

1）PVC 阻燃型线管或黄蜡管，建议首选 PVC 阻燃型线管，因为这种管材阻燃性能非常好，另外材料柔韧性比较好，如图 1-13（a）所示。

2）电线，如图 1-13（b）所示。

3）开关、插座及面板等，如图 1-13（c）所示。

4）还有与电线管材配套的接头等，如图 1-13（d）所示。

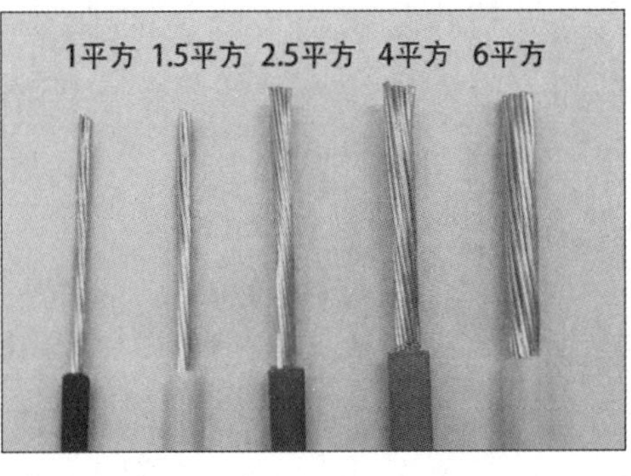

（a）

图 1-13　电路施工需要的材料

（a）PVC 阻燃型线管

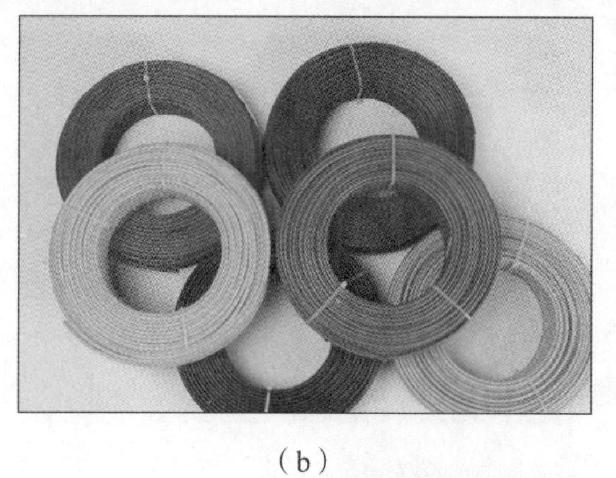

（b）

（c）

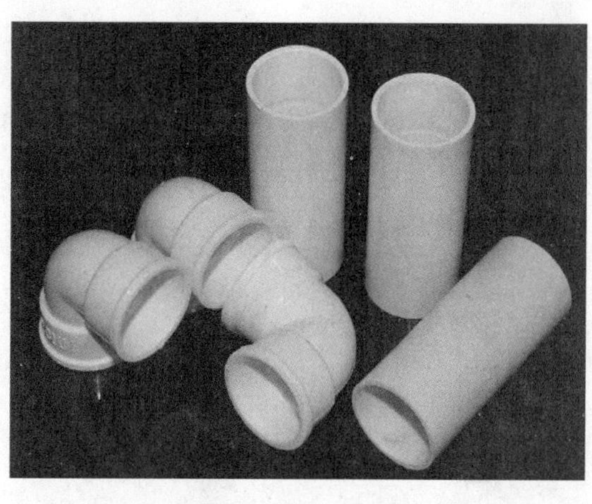

（d）

图 1-13　电路施工需要的材料（续）

（b）电线；（c）开关、插座及面板；（d）接头

三、电路施工

电路施工工艺流程：验收材料→电路定位→电路开槽→穿管→布线、埋线→弯管→封槽安装。

1. 电路定位

首先，需要根据客户对电的使用需求进行电路定位，确保电路的合理布局和安全性，如图 1-14 所示。比如，安装开关、插座、灯等设备的位置都需要进行定位。

2. 电路开槽

在定位完成后，电工会根据定位和电路走向开布线槽，如图 1-15 所示。线槽很有讲究，必须横平竖直，以确保电线的安全和美观。然而，规范的做法并不允许开设横槽，因为这会影响墙体的承重能力。

图 1-14　电路定位

图 1-15　电路开布线槽

3. 穿管

穿管施工时，严禁单独回路借线、中途接线，同一回路电线应穿同一根管内，同一回路布线应三线同径，如图 1-16 所示。排线时，要尽量避免弯曲。强电和弱电之间的间距必须大于或等于 150 mm，以防止电缆信号不良。对于有水的房间，如厨房和浴室，穿线管应敷设在顶部和墙壁上，并避免敷设在地面上。接线过程中，导管的接头处应使用接线盒，接头处应使用接线帽，接线时应分色。

图 1-16　穿管

4. 布线、埋线

布线一般采用线管暗埋的方式，如图 1-17 所示。线管有冷弯管和 PVC 管两种，其中冷弯管是最佳选择。它可以弯曲而不会断裂，并且转角具有一定的弧度，这样线路可以随时更换，而无须破坏墙壁。

5. 弯管

冷弯管的加工需要使用弯管工具，而弧度应该是线管直径的 10 倍，这样在穿线或拆线时才能更加顺利。

6. 封槽安装

封槽安装前，要注意将底盒内清理干净，用星艺专用透明保护盖保护好，这样避免后期施工污染电线。封槽前要用冲水管或洒水壶将槽内浮灰冲洗干净，充分润湿线槽。电封槽不能高出原墙面，要略低于原墙面，如图 1-18 所示。

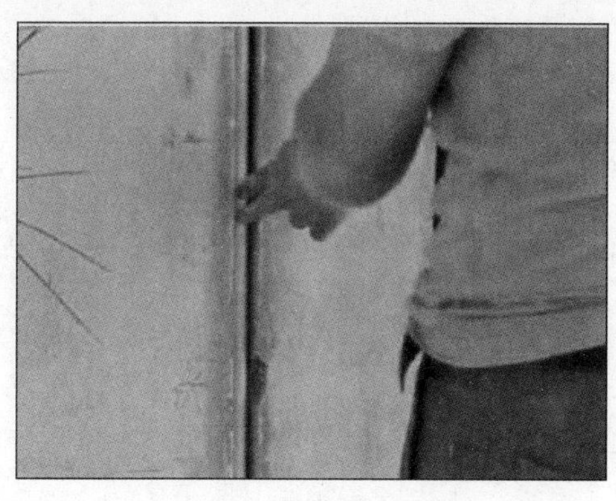

图 1-17　布线、埋线

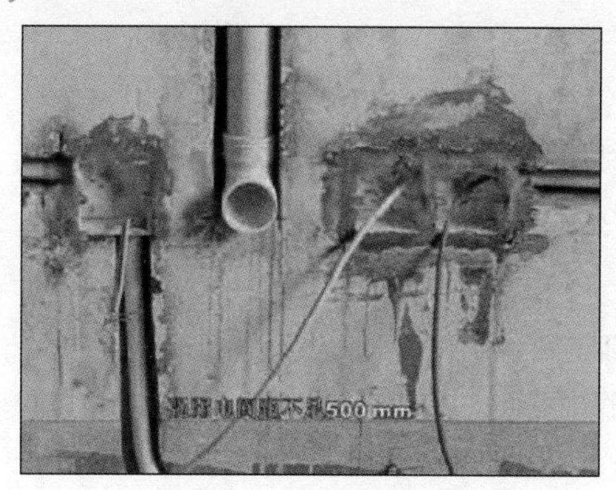

图 1-18　封槽安装

在工程装修中，电路安装是重中之重，耗费大量的人力、物力，因此施工时必须严格执行，严格按照规范标准做好此工艺，才能真正达到预防、杜绝隐患的目的。

任务评价

电路施工

知识点评价表

序号	评价内容	评价标准	配分	评价方式			
				客观评价	主观评价		
				系统	师评（50%）	互评（30%）	自评（20%）
1	预习测验	能够知道电路工程施工的目的	10				
2		能简述电路工程施工的施工流程	10				
3		能说出电路工程施工所用材料及工具	10				
4	课堂问答	能正确说出家庭用电源线主要种类	10				
5		能正确说出家庭用电源线购买时的注意事项	10				
6		能正确说出电路工程施工所需要的材料	10				
7		能正确说出 PVC 阻燃型线管或黄蜡管的优缺点	10				
8		能正确说出电路工程施工的工作流程	10				

续表

序号	评价内容	评价标准	配分	评价方式			
				客观评价	主观评价		
				系统	师评（50%）	互评（30%）	自评（20%）
9	课后作业	能对电路工程施工的工作流程以及相关要求进行总结	20				
总配分			100分				

技能点评价表

序号	评价内容	评价标准	配分	评价方式			
				客观评价	主观评价		
				系统	师评（50%）	互评（30%）	自评（20%）
仿真	工具选择	工具选择错误一个扣1分	5				
	材料选择	材料选择错误一个扣1分	5				
	操作步骤	操作步骤错误一步扣2分	20				
实操	过载短路漏电保护器	符合《上海市地方标准住宅装饰装修验收标准》(DB 31/30—2003）中5.1.2的要求	10				
	室内布线	符合《上海市地方标准住宅装饰装修验收标准》(DB 31/30—2003）中5.1.4的要求	10				
	绝缘电阻	符合《上海市地方标准住宅装饰装修验收标准》(DB 31/30—2003）中5.1.6的要求	10				
	电热设备	应平整，开启灵活，运转正常，出水畅通，左热右冷	10				

续表

序号	评价内容	评价标准	配分	评价方式			
				客观评价	主观评价		
				系统	师评（50%）	互评（30%）	自评（20%）
实操	电气配管、接线盒	符合《上海市地方标准住宅装饰装修验收标准》（DB 31/30—2003）中 5.1.8 的要求	10				
	灯具、开关、插座	符合《上海市地方标准住宅装饰装修验收标准》（DB 31/30—2003）中 5.1.9 和 5.1.10 的要求	10				
	导线与燃气、水管、压缩空气管的间距	符合《上海市地方标准住宅装饰装修验收标准》（DB 31/30—2003）表 2 的要求	10				
总配分			100 分				

素养点评价表

序号	评价内容	评价标准	配分	评价方式			
				客观评价	主观评价		
				系统	师评（50%）	互评（30%）	自评（20%）
1	学习纪律	考勤，无迟到、早退、旷课行为	10				
2		课上积极参与互动	10				
3		尊重师长，服从任务安排	10				
4		充分做好实训准备工作	10				

续表

序号	评价内容	评价标准	配分	评价方式			
				客观评价	主观评价		
				系统	师评（50%）	互评（30%）	自评（20%）
5	卫生与环保意识	节约使用施工材料，无浪费现象	10				
6		操作时，工具和材料按要求摆放，操作台面整洁	10				
7		实训后，自觉整理台面、工具和材料	10				
8	规范意识	严格遵守实训操作规范，无违规操作	10				
9		在规定时间内完成任务	10				
10	团队意识	有团队协作意识，积极、主动与人合作	10				
否决项		违反实训室守则，在实训室内嬉戏打闹、损坏实训室设备等影响恶劣行为者，该任务职业素养记为零分	0				
总配分			100 分				

任务总结

一、布线要遵循的原则

1）电力线路中的强弱电信号之间必须保持 30~50 cm 的间距，它们只能成为“远邻”，而不是“近亲”。如果它们太靠近，会相互干扰，甚至会“串门”，对客户的电视和电话造成干扰。

2）强弱电更不能同穿一根管内。

3）管内导线总截面面积要小于保护管截面面积的 40%，例如，20 管内最多穿 4 根 2.5 mm^2 的线。

4）长距离的线管尽量用整管。

5）线管如果需要连接，要用接头，接头和管要用胶粘好。

6）如果有线管在地面上，应立即保护起来，防止踩裂，影响以后的检修。

7）布线长度超过 15 m 或中间有 3 个以上的弯曲，应该在中间位置加装一个接线盒。这是因为如果电线太长或者弯曲程度过大，电线将无法顺利通过穿线管。

8）一般情况下，空调插座安装应离地 2 m 以上。

9）电线线路要和煤气道相距 40 cm 以上。

10）没有特别要求的前提下，插座安装应离地 30 cm 高度。

11）安装开关和插座时，应该将它们面对面板，同时左侧应该是零线，右侧应该是火线。

12）家庭装修中，电线只能并头连接，绝对不是我们平时随便接那么简单。

13）接头处采用按压接线法，必须要结实牢固。

14）接好的线要立即用绝缘胶布包好。

15）在家里进行装修的过程中，若已经确定了火线、零线和地线的颜色，那么在任何时候都不能将它们混淆使用。

16）家里不同区域的照明、插座、空调、热水器等电器应该分别连接到不同的电路中，以便在需要断电检修时，不会影响其他电器的正常使用。

17）在完成电路施工后，一定要让施工方提供一份电路布置图。这一步非常关键，因为它能够保证以后的检修、墙面修整或在墙上打钉子时不会损坏电线。

二、电路工程施工细则

1）每户的配电箱尺寸必须根据实际需要的空开数量来确定。每户配电箱都必须设置总开关（两极）和漏电保护器（需要四个单片数，断路器空开必须是合格产品）。在严格按照图纸规划各路空开和布线的同时，还要标明各空开的使用路线。配电箱的安装必须确保有可靠的接地连接。

2）在与客户确定开关、插座品牌的过程中，核实是否安装门铃、门灯电源，并校对图纸和现场是否相符。如果发现不符合，及时与客户协商并征得同意后进行调整，并要求客户签字确认。电器布线方面，采用中策 BV 单股铜线，并使用 BBR 软铜线作为接地线，穿 PVC 暗埋设（空心楼板和现浇屋面板除外）。布线走向为横平竖直，沿平顶墙角走，严禁在无吊顶但有 80 mm 石膏阴角线时，限走 ϕ20 mm、ϕ15 mm 各一根，禁止地面放管走线。严格按照图纸进行布线，照明主干线为 2.5 mm^2，支线为 1.5 mm^2，管内不得有接头和扭结，均使用新线。

旧线在验收时交付客户。禁止电线直接埋入灰层，遇混凝土时采用 BVV 护套线。

3）管内导线的总截面积不得超过管内径截面积的 40%。为了保证管内电线的安全使用，避免电线过于密集而导致过载、短路等问题。同类照明的几个同路可以穿入一根管内，但是管内导线总数不得超过 8 根。

4）电话线、电视线、电脑线的进户线均不得移动或封闭。严禁将弱电线与导线安装在同一根管道中，包括穿越开关、插座暗盒和其他暗盒。为了保证安全，所有管线均应从地面墙角直装。

5）严禁随意改动煤气管道及表头位置。导线管与煤气管间距同一平面不得小于 100 mm，不同平面不得小于 50 mm。电器插座开关与煤气管间距不小于 150 mm。

6）线盒内预留导线长度为 150 mm，平顶预留线必须标明标签。接线为相线进开关，零线进灯头，面对插座时为左零右相接地上。开关插座安装必须牢固、位置正确、紧贴墙面。同一室内，盒内在同一水平线上。

7）开关插座常规高度（以老地坪计算），安装时必须以水平线为统一标准。开关常规安装高度为 1 200~1 300 mm。插座安装高度如下：

①对于客厅、卧室等空间。视听设备、台灯、接线板等墙上插座一般距地面 300 mm；在电视柜下面的电视插座距地面 200~250 mm；在电视柜上面的电视插座距地面 450~600 mm；壁挂电视距地面高度为 1 100 mm；床头插座与双控持平，离地 700~800 mm；电脑和其他桌上面的插座离地 1 100 mm；空调、排气扇等的插座距地面为 1 800~2 000 mm；弱电插座一般为离地 350 mm 左右。

②对于厨房。冰箱插座适宜放在冰箱两侧，高插距地 1 300 mm，低插距地 500 mm；厨房台面插座距地 1 250~1 300 mm；挂式消毒柜的插座离地 1 900 mm 左右；暗藏式消毒碗柜的插座高度为离地 300~400 mm；吸油烟机插座高度一般为离地 2 150 mm 以上；烤箱一般放在煤气灶下面，插座距地面 500 mm 左右。

③对于卫生间。燃气热水器插座一般距地高 1 800~2 300 mm；电热水器插座高度一般为离地 1 800~2 000 mm；卫生间插座高度一般为离地 1 400 mm 左右；洗衣机的插座距地面 1 000~1 350 mm；坐便器后插座距地面 350 mm。

8）在前期工程施工阶段，每个房间安装一盏临时照明灯和一个插座，同时安装配电箱和保护开关，并接通全部的电源。绘制电线和管道走向图，并提供后期所需材料的清单，包括规格、品牌、数量和种类，以方便房东自行安排时间进行选购。

9）在进行灯具、水暖及厨卫五金配电、防雾镜的安装前，我们应该进行一次全面的检查，以确保这些设备没有受到任何损坏。特别是防雾镜，由于普通镜是由木工安装的，因此需要更加谨慎地检查是否有裂痕或其他损坏。

10）请注意，严禁进行带电作业。在特殊情况下确实需要进行带电作业时，必须确保至少有一人在场监督。工程安装完成后，应对所有灯具、电器、插座、开关以及电表进行断电试验检查，并在配电箱上准确标明它们的位置。同时，这些电器设备应按照顺序排列。

11）绘好的照明、插座、弱电图以及管道，将在隐蔽工程验收时进行交付。经客户签字认可后，配合设计人员打印成图，并向工程部和客户各提供一份（底稿留档）。

12）工班长必须亲自到现场指导作业，并在验收时到场。在前期和后期工程完工时，工班长也应该认真做好清理工作，确保工地清洁整洁，达到“工完场清”的标准。

13）在油漆进场之前，必须对所布设的强电、弱电进行一次全面复检。

任务五　防水工程施工

子任务一　卫生间防水施工

任务引入

老王夫妇深受卫生间漏水渗水的困扰，因此，老王夫妇特别强调，在新房的卫生间、厨房、阳台等接触水的地方，防水要重点做好。设计师向老王夫妇介绍了防水施工方案。

家装中的防水项目，是避免未来产生漏水等隐患，并且深受客户重视的施工环节。做好防水，必须先明确防水施工的材料使用与操作流程。

任务分析

常见的卫生间防水质量问题及防治措施。

1. 涂抹防水层空鼓、有气泡

主要原因是基层清理不干净，或者聚氨酯涂刷不匀，甚至找平层潮湿，含水率高于91%，都会导致涂刷后出现空鼓、鼓包等问题。因此，为了避免这些问题的出现，必须认真清理基层，保证其干净无尘，并且进行含水率检验，确保其符合要求，才能保证聚氨酯的涂刷效果和使用寿命。

2. 地层面层施工后，在进行蓄水试验时，还有渗漏现象

主要原因是管件、地漏等穿过地面和墙面的部位松动或撕裂了防水层。此外，管根松动或粘结不牢、接触面清理不干净产生空隙、接槎和封口处搭接长度不够、粘贴不紧密、防水层材料损坏以及第一次蓄水试验水深度不够等也可能导致渗漏问题的出现。因此，要求在施工过程中，相关工序必须认真操作，加强责任心，严格按照工艺标准和施工规范进行操作，

才能保证建筑防水工程的质量和可靠性，确保建筑物能够长期安全使用。

3. 地面排水不顺畅

主要原因是施工过程中出现倒坡或凹凸不平的情况，就会导致水在地面存留，从而影响防水效果。因此，在进行聚氨酯防水施工之前，应先检查基层的坡度是否符合要求。如果不符合设计要求，就必须先进行找坡度的处理，以保证防水效果的可靠性。同时，在进行面层施工时，也必须按照设计要求进行坡度的处理，以确保整个施工过程的顺利进行，才能够达到预期的防水效果，保护建筑物的安全和稳定。

4. 地面第二次蓄水试验后，已验收合格，但在竣工使用后仍然发现有渗漏现象

主要原因是卫生器具的排水口和管道承插口处未连接严密，连接后未用建筑密封膏封密实，或者是后安装的卫生器具固定螺钉穿透防水层而未进行处理。在卫生器具安装后必须仔细检查各接口处是否符合要求，其达到要求后才能进行下道工序，并注意防水层的成品保护。为了避免此类问题的发生，卫生器具安装前，先进行相关部位的检查和处理，确保连接处严密。同时，在安装过程中，必须注意不要损坏防水层，如有必要，应在固定螺钉穿透处进行处理。

任务实施

一、任务准备

通过对卫生间防水施工项目的学习与了解，在施工现场对水路工程项目进行施工项目实操训练。

1）分组练习：每 5 人为一个小组，按照施工方法与步骤认真进行技能实操训练。

2）组内讨论、组间对比：组员之间可就有关施工的方法、步骤和要求进行相互讨论与观摩，以提高实操练习的质量与效率。

二、工具及材料的准备

1. 工具

卫生间防水工程施工所需要的工具包括小型电动搅拌器、搅拌桶、塑料、铁皮刮板、油工铲子、滚筒等，如图 1-19 所示。

2. 材料

JS 复合型防水涂料，如图 1-20 所示。

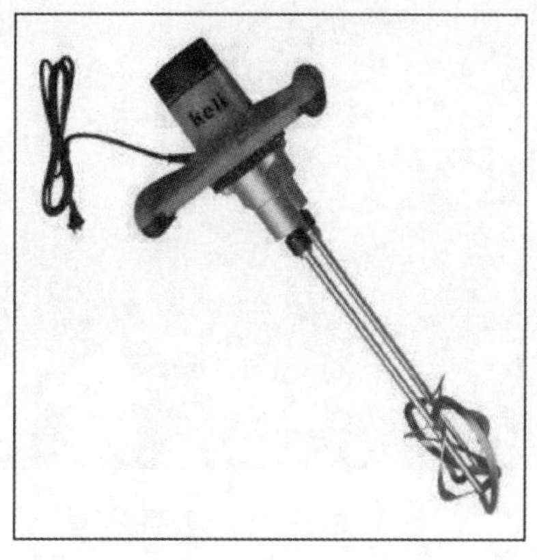

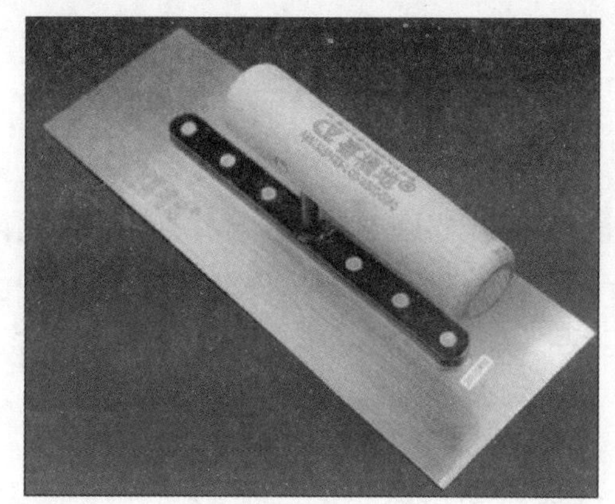

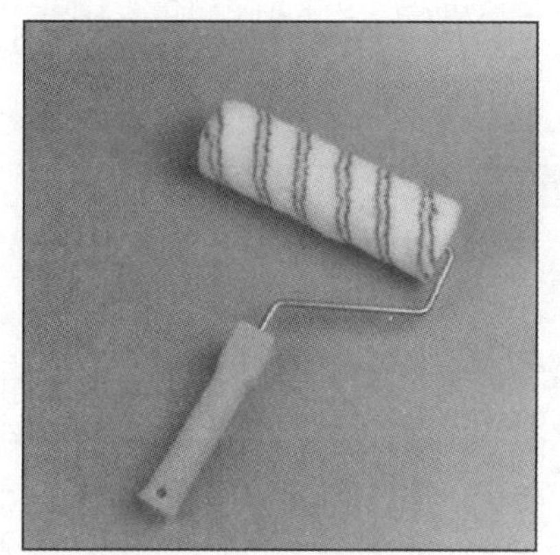

图 1-19　工具

图 1-20　JS 复合型防水涂料

三、防水施工

施工流程：基面处理→做防水层→蓄水试验，组织验收。

1. 基面处理

基面处理，如图 1-21 所示，将基层表面凸出部位铲平，凹处用水泥砂浆修补平整，不得有空鼓、开裂及起砂等缺陷，找平层应有利于卷材的铺设与粘贴。提前浇水湿润，但不得有积水。

2. 做防水层

(1) 刷防水涂料

地面做防水层，如图 1-22 所示，从地面起向上刷 10~20 cm 的防水涂料，然后地面再重做防水，加上原防水层，组成复合性防水层，以增强防水性。

图 1-21　基面处理

(2) 多次涂刷防水涂料

大面积多次涂刷防水涂料（节点部位加强），如图 1-23 所示，涂刷时应采用水泥工专用刷子，厚度为 1.2 mm。用防水涂料反复涂刷 2~3 遍。

图 1-22　刷防水涂料

图 1-23　多次刷防水涂料

3. 蓄水试验，组织验收

蓄水试验如图 1-24 所示。涂刷防水涂料完毕，经过 24 h 的晾干固化后，就要进行最后的蓄水试验，未发现渗水、漏水为合格，如图 1-25 所示。蓄水试验一般需要 24 h。

图 1-24　蓄水试验

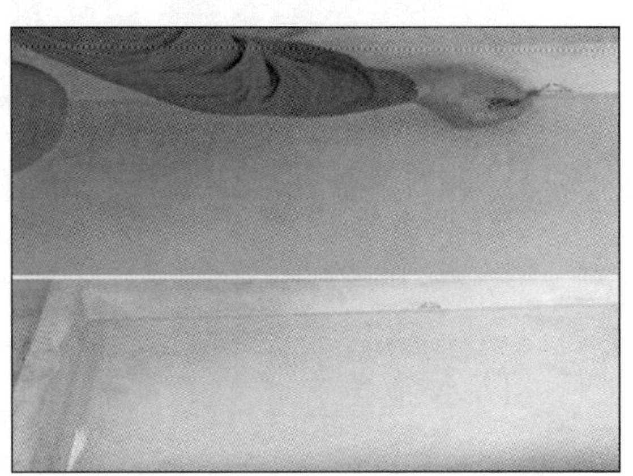

图 1-25　24 h 后检查防水效果

卫生间防水施工

任务评价

知识点评价表

序号	评价内容	评价标准	配分	评价方式			
				客观评价	主观评价		
				系统	师评（50%）	互评（30%）	自评（20%）
1	预习测验	能够知道卫生间防水施工的目的	10				
2		能简述卫生间防水施工的流程	10				
3		能说出卫生间防水施工所用材料及工具	10				
4	课堂问答	能正确说出卫生间防水的主要质量问题	10				
5		能正确说出聚氨酯涂抹防水层空鼓、有气泡的防治措施	10				
6		能正确说出水路工程施工所需要的材料	10				
7		能正确说出进行蓄水试验时，还有渗漏现象的防治措施	10				
8		能正确说出地面排水不顺畅的防治措施	10				
9	课后作业	能对卫生间防水工程施工的工作流程以及相关要求进行总结	20				
总配分			100分				

技能点评价表

序号	评价内容	评价标准	配分	评价方式			
				客观评价	主观评价		
				系统	师评（50%）	互评（30%）	自评（20%）
仿真	工具选择	工具选择错误一个扣1分	5				
	材料选择	材料选择错误一个扣1分	5				
	操作步骤	操作步骤错误一步扣2分	20				
实操	室内防水隔离层严禁渗漏	排水的坡向应正确、排水通畅	20				
	涂膜防水层应与基层粘结牢固	表面平整，涂刷均匀，不得有流淌、皱褶、鼓泡、露胎体和翘边等缺陷	20				
	涂膜防水层的平均厚度应符合设计要求	最小厚度不应小于设计值的80%	20				
	防水材料应有产品合格证和出厂检验报告	品种、规格、性能等应符合要求	10				
总配分			100分				

素养点评价表

序号	评价内容	评价标准	配分	评价方式			
				客观评价	主观评价		
				系统	师评（50%）	互评（30%）	自评（20%）
1	学习纪律	考勤，无迟到、早退、旷课行为	10				
2		课上积极参与互动	10				
3		尊重师长，服从任务安排	10				
4		充分做好实训准备工作	10				
5	卫生与环保意识	节约使用施工材料，无浪费现象	10				
6		操作时，工具和材料按要求摆放，操作台面整洁	10				
7		实训后，自觉整理台面、工具和材料	10				
8	规范意识	严格遵守实训操作规范，无违规操作	10				
9		在规定时间内完成任务	10				
10	团队意识	有团队协作意识，积极、主动与人合作	10				
否决项		违反实训室守则，在实训室内嬉戏打闹、损坏实训室设备等影响恶劣行为者，该任务职业素养记为零分	0				
总配分			100分				

任务总结

卫生间防水施工质量标准

室内防水工程的质量验收，应按照《建筑地面工程施工质量验收规范》（GB 50209—2010）等有关标准规定进行检查验收。

1）室内防水隔离层严禁渗漏，排水的坡向应正确，排水通畅。

2）涂膜防水层应与基层粘结牢固，表面平整，涂刷均匀，不得有流淌、皱褶、鼓泡、露胎体和翘边等缺陷。

3）涂膜防水层的平均厚度应符合设计要求，最小厚度不应小于设计值的 80%。检验方法为针测法或割取 20 mm×20 mm 实样，用游标卡尺或测厚仪测量其厚度，如图 1-26 所示。

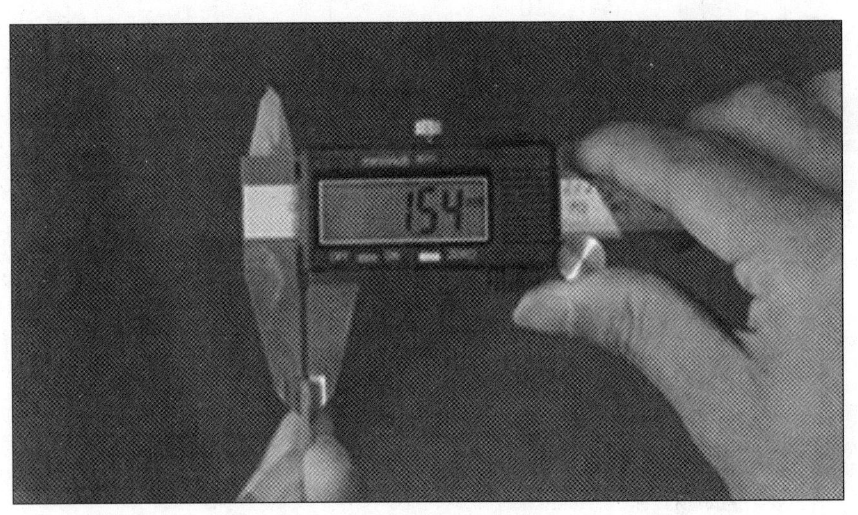

图 1-26　检测防水层厚度

4）防水材料应有产品合格证和出厂检验报告，材料的品种、规格、性能等应符合国家现行有关标准和设计要求。对进场的防水防护材料应抽样复检，并提出抽样试验报告，不合格的材料不得在工程中使用。

子任务二　楼顶及露台防水施工

任务引入

老王夫妇了解到楼顶及露台的防水也至关重要，因此也特别强调了此处防水的重要性，设计师向老王夫妇介绍了相应的防水施工方案。

在装修前防水工程是最重要的隐蔽工程之一，防水工程出现质量问题，就意味着面层装修必须全部推倒重来，意味着住宅的楼下将渗漏，业主需要承担巨大的财产和精神损失。

防水工程是室内装饰工程的初始工程，也是一项基础工程，一定要严格按照设计标准施工。本案露台面积不大，但是管道多，有地漏、上下水管，大部分位于墙边、转角处，防水施工难度大。为了做好防水工程，必须明确防水工程的材料和操作流程。

任务分析

一、防水材料

1. 溶剂型防水涂料

在这类涂料中，高分子材料作为主要成膜物质，通过溶解于有机溶剂中形成涂料的溶液。在涂料中，高分子材料以分子状态存在。

这类涂料具有以下特点：通过溶剂挥发，经过高分子物质分子链接触、搭接等过程而形成膜层。由于涂料干燥快，结膜较薄而致密，因此生产工艺较简易，涂料储存稳定性较好。然而，该类涂料易燃、易爆、有毒，生产储存及使用时要注意安全。另外，由于溶剂挥发快，施工时对环境有一定的污染风险。

2. 水乳型防水涂料

这类防水涂料是一种高分子材料，其主要成膜物质以微小颗粒（而不是呈分子状态）的形式稳定悬浮（而不是溶解）在水中，形成乳液状涂料。

该类涂料具有以下特性：通过水分蒸发，经过固体微粒接近、接触、变形等过程而结膜；涂料干燥较慢，一次成膜的致密性较溶剂型涂料低，一般不宜在5℃以下施工；储存期一般不超过半年；可在稍为潮湿的基层上施工；无毒、不燃，生产、储运、使用比较安全；操作简便，不污染环境；生产成本较低。

3. 反应型防水涂料

这类涂料的主要成膜物质是高分子材料，通常以预聚物的液态形式存在，常以双组分或单组分的形式构成涂料，几乎不含溶剂。

这种涂料具有许多特点：通过高分子预聚物与相应物质发生化学反应，可变成固态物（结膜）。这种涂料能够一次性结成较厚的涂膜，无收缩，涂膜致密。对于双组分涂料，需要现场按1∶2的比例使用，并且需要搅拌均匀以确保质量。虽然价格较贵，但是这种涂料的特性使其在一些特殊的场合得到广泛的应用。

二、防水涂料的基本特点

1）防水涂料是一种常温下呈黏状液体的材料，经过涂布固化后能够形成无接缝的防水涂膜。

2）防水涂料特别适宜在立面、阴阳角、穿结构层管道、凸起物、狭窄场所等细部构造处进行防水施工，固化后能够在这些复杂部件表面形成完整的防水膜。

3）防水涂料施工属于冷作业，操作简便，劳动强度低。

4）固化后形成的涂膜防水层自重轻，因此轻型薄壳等异形屋面大多采用防水涂料进行施工。

5）涂膜防水层具有出色的耐水、耐候、耐酸碱特性和卓越的延展性能，能够适应基层局部变形的需要。

6）涂膜防水层对于容易造成渗漏的基层裂缝、结构缝、管道根等部位，可以通过加贴胎体增强材料来加强涂膜防水层的拉伸强度，从而实现增强、补强和维修等处理。

7）涂膜防水层的施工难以做到厚度均匀一致，一般依靠人工涂布。因此，在施工时需要严格按照操作方法反复多遍涂刷，以确保单位面积内的最低使用量，确保涂膜防水层的施工质量。

8）采用涂膜防水，维修比较方便，可以有效地延长使用寿命。

三、防水施工

1. 管道施工

首先需要确保上下水管道准确无误地穿过楼板的预留洞。如果发现偏离预留洞，应立即进行调整。此外，地漏的高度应低于面层 5 mm 左右，并在套管周围及楼地面层上添加阻水带。

2. 楼板堵洞

全部管道安装完并确认无改动后，需要开始楼板堵洞。如果孔洞过小，应适当剔凿，保证管道与孔洞边缘有 30～50 mm 的缝隙，并进行油膏的紧密粘接处理，以防止出现缝隙。接着，需要进行蓄水试验，确保不会出现漏水的情况。

3. 抹找平层

采用防水砂浆，以保证工程的质量和耐久性。抹涂前，我们需要将基层清理干净并提前浇水湿润，但是不能有积水存在。此外，找平层的表面应平顺、不空鼓、不开裂，并且需要找好坡度，以确保水能够正常流动。

4. 涂刮防水层

采用聚氨酯防水涂料。这种涂料具有收缩小、易形成较厚的防水涂膜层、易在复杂基层表面施工、端部收头容易处理、整体性强、延伸性好、强度较高等优点。同时，它还具有在一定范围内对基层裂缝有较强的适应性、可冷施工、操作简单等特点。但需要注意的是，该涂料易燃、有毒，在施工过程中需要注意安全。施工后应至少有 7 天自然干燥的时间，并认真做好成品保护。如发现破损应及时修补，以确保防水效果。

5. 蓄水试验

防水涂层施工完必须进行蓄水试验。蓄水深度应达到地面最高处的 20 mm。试验时须持续 24 h，并在结束后进行渗漏检查。若发现渗漏情况，应立即进行返修，并再次进行蓄水试验，直到不再出现渗漏为止。

6. 保护层施工

注意避免对防水层造成破坏，尤其是卫生间地面的坡度必须准确、平顺，以确保排水通畅。此外，地面坡度不宜低于 2%。在施工过程中，应特别注意禁止打开地漏、下水口的封堵，并且不能使用，以免造成堵塞。

7. 执行强制性条文

根据条文规定，建筑中的厕浴间和有防水要求的地面必须设置防水隔离层。同时，卫生间楼板四周除门洞外，应做混凝土翻边，其高度不应小于 120 mm。在施工过程中，结构层标高和预留孔洞位置应准确无误，严禁乱凿洞。

四、防水施工原则

1）做防水前，一定要把需要做防水的墙面和地面打扫干净，否则，再好的防水剂也起不到防水的作用。

2）一般的墙面防水剂要刷到 30 cm 的高度。

3）如果墙面背后有柜子或其他家具的，至少要刷到 1.8 m 的高度，最好整面墙全刷。

4）地面要全部刷到，而且必须等第一遍干了后，才能刷第二遍。重点位置如墙角，要多刷 1~2 遍。

5）防水做完了，还要“开闸放水”，做蓄水试验。蓄水试验需要 24 h，主要观察周围墙面有无渗水现象。若有，需要返工，重做防水。

任务实施

一、任务准备

通过对楼顶露台防水施工项目的学习与了解，在施工现场对水路工程项目进行施工项目实操训练。

1）分组练习：每 5 人为一个小组，按照施工方法与步骤认真进行技能实操训练。

2）组内讨论、组间对比：组员之间可就有关施工的方法、步骤和要求进行相互讨论与观摩，以提高实操练习的质量与效率。

二、工具及材料的准备

准备的施工器具包括汽油喷灯（3.5 L）、刷子、压子、剪子、卷尺、扫帚等，部分施工器具如图 1-27 所示。

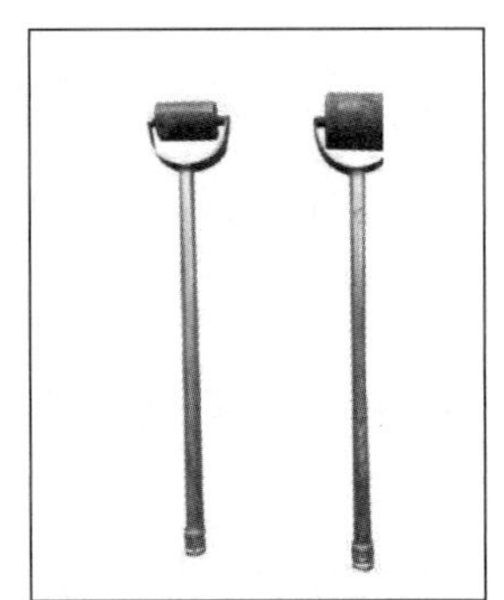
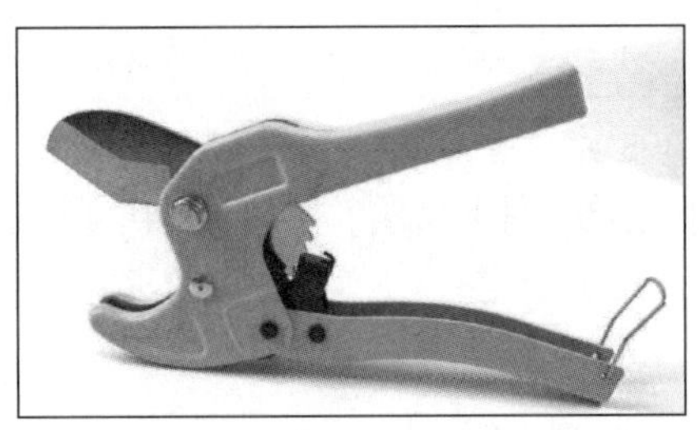

图 1-27　施工器具

准备的防水材料为弹性体改性沥青防水卷材（SBS 卷材），如图 1-28 所示。注意：要使用合格、满足环保要求的材料。

图 1-28　弹性体改性沥青防水卷材（SBS 卷材）

三、铺贴卷材

施工流程：基层处理→测试卷材→卷材的铺贴、搭接。

1. 基层处理

基层处理如图 1-29 所示，基层为水泥砂浆找平层，基层必须坚实、平整，不能有松动、起鼓、面层凸起或粗糙不平等现象，否则必须进行处理。

图 1-29　基层处理

2. 测试卷材

基层必须干燥，含水率要求在 9% 以内，测试时在基层表面放一块卷材，经 3~5 h 后，当其下表面基本无水珠时即可施工。

3. 卷材的铺贴、搭接

1）铺设卷材。铺贴卷材前，要量好要施工的防水面积，然后根据材料尺寸合理使用材料，从最低处开始铺贴，先将卷材按位置放正，长边留出 8 cm 接槎、短边留出 10 cm 接槎，如图 1-30 所示。然后，点燃喷灯对准卷材底面及基层表面同时均匀加热（喷灯嘴距卷材表面约 30 cm 为宜），待卷材表面熔化后，随即向前滚铺卷材，并把卷材压实压平。

对于一些部位应加铺一层附加层，如图 1-31 所示：①防水卷材大面积施工前，对防水薄弱部位（阴阳角、女儿墙、墙根、管根、檐口、排气管等）应加铺一层卷材。铺贴时应根据规范及设计要求将卷材裁成相应的形状进行铺贴。②防水工程施工时，对所有角度小于 135° 的阴阳角部位、立墙与平面交界处应做附加层处理，附加层宽度一般为 250 mm。③对凸出基层部位做 250 mm 宽附加层。

图 1-30　卷材量尺下料

图 1-31　铺贴附加层

2）刮平卷材。铺卷材用刮板排气压实，排出多余的胶剂。接槎部分以压出熔化沥青为宜，滚压时不要卷入空气和异物，并防止偏斜、起鼓和褶皱。

3）密封严实。最后，再用喷灯和压子均匀细致地把接缝封好，防止翘边，如图 1-32 所示。

图 1-32　密封严实

楼顶楼台防水施工（传统工艺）

任务评价

知识点评价表

<table>
<tr><th rowspan="3">序号</th><th rowspan="3">评价内容</th><th rowspan="3">评价标准</th><th rowspan="3">配分</th><th colspan="4">评价方式</th></tr>
<tr><th>客观评价</th><th colspan="3">主观评价</th></tr>
<tr><th>系统</th><th>师评（50%）</th><th>互评（30%）</th><th>自评（20%）</th></tr>
<tr><td>1</td><td rowspan="3">预习测验</td><td>能够知道楼顶及露台防水施工的目的</td><td>10</td><td></td><td></td><td></td><td></td></tr>
<tr><td>2</td><td>能简述楼顶及露台防水施工的流程</td><td>10</td><td></td><td></td><td></td><td></td></tr>
<tr><td>3</td><td>能说出楼顶及露台防水施工所用材料及工具</td><td>10</td><td></td><td></td><td></td><td></td></tr>
<tr><td>4</td><td rowspan="5">课堂问答</td><td>能正确说出主要防水材料及特点</td><td>10</td><td></td><td></td><td></td><td></td></tr>
<tr><td>5</td><td>能正确说出防水涂料的基本特点</td><td>10</td><td></td><td></td><td></td><td></td></tr>
<tr><td>6</td><td>能正确说出防水施工的流程</td><td>10</td><td></td><td></td><td></td><td></td></tr>
<tr><td>7</td><td>能正确说出防水施工各步骤的注意事项</td><td>10</td><td></td><td></td><td></td><td></td></tr>
<tr><td>8</td><td>能正确说出防水施工的原则</td><td>10</td><td></td><td></td><td></td><td></td></tr>
</table>

续表

序号	评价内容	评价标准	配分	评价方式			
				客观评价	主观评价		
				系统	师评（50%）	互评（30%）	自评（20%）
9	课后作业	能对楼顶及露台防水工程施工的工作流程及相关要求进行总结	20				
总配分			100 分				

技能点评价表

序号	评价内容	评价标准	配分	评价方式			
				客观评价	主观评价		
				系统	师评（50%）	互评（30%）	自评（20%）
仿真	工具选择	工具选择错误一个扣 1 分	5				
	材料选择	材料选择错误一个扣 1 分	5				
	操作步骤	操作步骤错误一步扣 2 分	20				
实操	基层表面应平整	不得有松动、空鼓、起砂、开裂等缺陷	20				
	地漏、套管、卫生洁具根部、阴阳角等部位	做防水附加层	20				
	防水层应从地面延伸到墙面	高出地面 100 mm	20				
	防水砂浆施工	不得有空鼓、裂缝和麻面起砂，阴阳角应做成圆弧形	10				
总配分			100 分				

素养点评价表

序号	评价内容	评价标准	配分	评价方式			
				客观评价	主观评价		
				系统	师评（50%）	互评（30%）	自评（20%）
1	学习纪律	考勤，无迟到、早退、旷课行为	10				
2		课上积极参与互动	10				
3		尊重师长，服从任务安排	10				
4		充分做好实训准备工作	10				
5	卫生与环保意识	节约使用施工材料，无浪费现象	10				
6		操作时，工具和材料按要求摆放，操作台面整洁	10				
7		实训后，自觉整理台面、工具和材料	10				
8	规范意识	严格遵守实训操作规范，无违规操作	10				
9		在规定时间内完成任务	10				
10	团队意识	有团队协作意识，积极、主动与人合作	10				
否决项		违反实训室守则，在实训室内嬉戏打闹、损坏实训室设备等影响恶劣行为者，该任务职业素养记为零分	0				
总配分			100分				

任务总结

屋面防水卷材重点施工部位处理

屋面防水卷材要求基层有较好的结构整体性和刚度，由于找平层收缩和温差影响，水泥砂浆找平层应该设置分隔缝，使找平层裂缝集中于分隔缝中，减少找平层大面积开裂的可能。

1. 收头处理

卷材收头是卷材防水层的关键部位，处理不好极易张口、翘边、脱落。因此，对卷材的收头必须做到“固定、密封”的要求。

2. 局部空铺处理

卷材粘贴到找平层上后，由于结构、温差等引起变形，常常将防水层拉裂而导致渗漏。因此《屋面工程技术规范》（GB 50345—2012）中规定，在屋面的一些主要部位宜进行空铺处理。

3. 屋面板端缝上面

在无保温层的装配式屋面上，为避免结构变形将卷材防水层拉裂，应在沿屋面板的端缝上先单边点贴一层附加卷材条。应该说明，附加卷材条的作用，是防止覆面的卷材在端缝（或接缝）处断裂。只有干铺的卷材条不与基层及上面的卷材连接在一起，才能有效。否则，它只不过将基层或上面的一层卷材局部增厚而已，同样会因基层变形或开裂使设计卷材层一起发生裂缝。

4. 屋面上平面与立墙交接处

屋面常因温差变形及体积膨胀，导致转角部位防水层破坏，故在此处应空铺卷材，以适应变形的需要。

5. 找平层的排气道上

当处理排气屋面时，在找平层的排气道上宜空铺 200~300 mm 的卷材条。

6. 天沟、檐沟及水落口处理

水落口有直式和横式两种，是目前渗漏比较严重的部位。解决办法：在水落口管与基层混凝土交接处留置凹槽（20 mm×20 mm），嵌填密封材料；水落口杯的上口高度，应根据沟底坡度、附加层厚度及排水坡度加大的尺寸，计算出杯口的标高（应在沟底较低处），应注意留够多道防水材料的厚度；选择合适的防水材料，依次为涂料层、卷材附加层及设计防水层。

案例讨论

在某项目中，采用了下沉式卫生间的精心设计，卫生间的地面精心铺设着美观且实用的瓷砖。为了切实保证卫生间至关重要的防水质量，经过严谨的设计考量，采用了两道柔性防水层。在甲方严格按照标准进行蓄水试验并验收合格后，施工单位严格依照规范要求有条不紊地进行地面瓷砖的铺贴施工。然而，令人遗憾的是，项目交付三个月后，卫生间竟然开始出现渗漏的问题。

经过仔细调查发现，在卫生间铺设瓷砖的过程中，由于瓷砖表面的设计标高相对较低，而且为了确保排水顺畅，铺设过程中又需要留有一定的流水坡度。在进行地漏安装时，不得不锯切一段下水管道，这一操作直接导致地漏下水管道处的防水层受到破坏。

这一情况深刻地警示我们，在每一项工作中，上一道工序都要充分、周全地考虑下一道工序的实际需要。各个工序之间必须紧密合作、充分协作，形成一个有机的整体，如此才能把工作真正做好，实现项目的高质量完成。

同样的道理，在我们的国家建设中，这一道理也具有极其重要的意义。我们只有具备团结协作、互帮互助的高尚品质，心往一处想，劲往一处使，才能担当得起建设国家的重任。众人拾柴火焰高，当每个人都能以集体利益为重，携手共进时，我们的社会才能实现和谐发展，国家才能繁荣昌盛。例如，在抗击疫情的战斗中，无数医护人员、志愿者、基层工作者团结一心，共同奋战，才取得了阶段性的胜利。又如，在重大工程建设中，各个领域的专家、工人齐心协力，攻克一个又一个技术难题，最终实现了项目的顺利竣工。只有团结协作，我们才能战胜各种困难和挑战，创造更加美好的未来。

项目二

泥瓦工程施工

思维导图

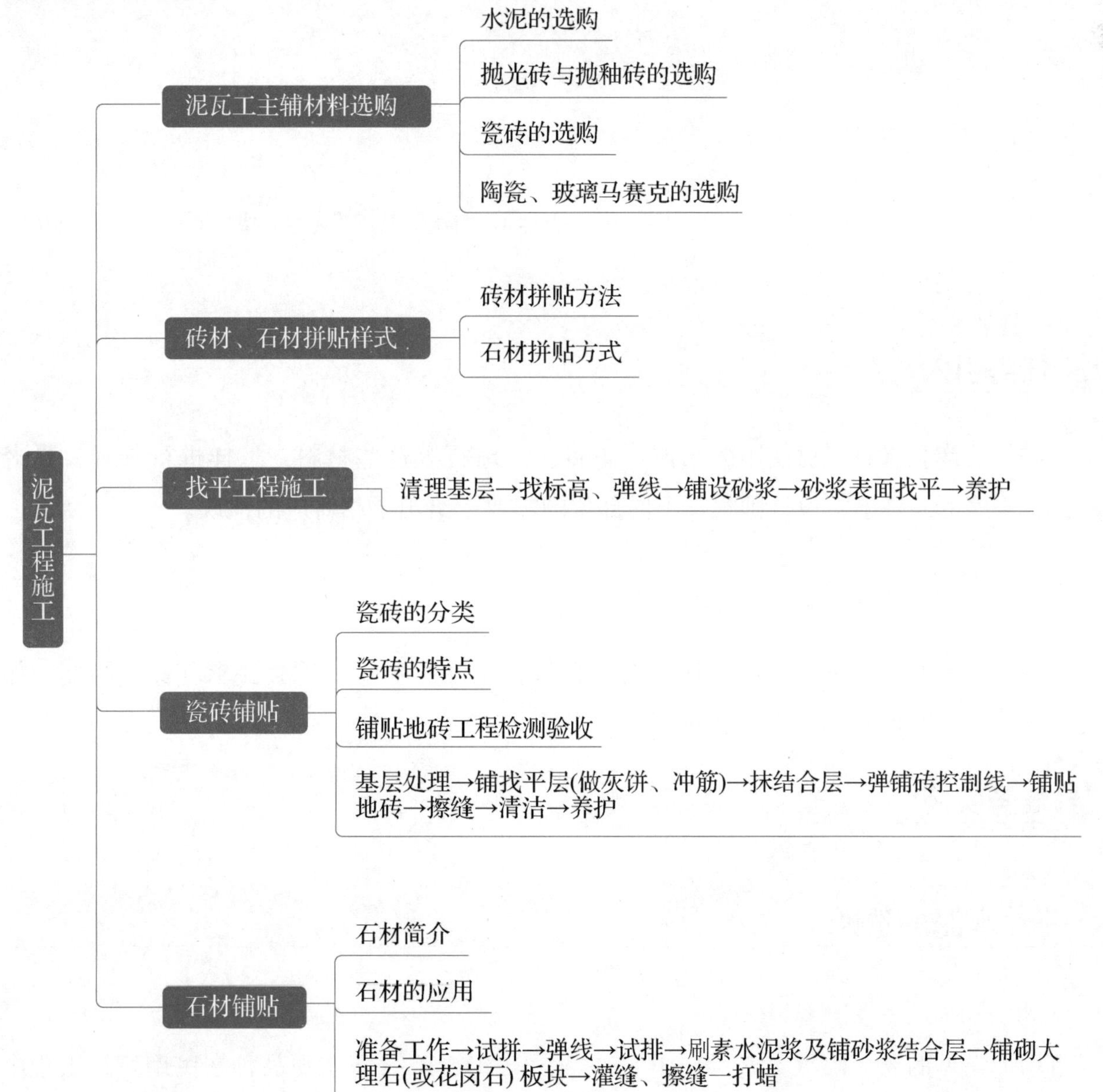

项目目标

一、知识目标

1）记住泥瓦工主辅材料选购。

2）阐述砖材、石材拼贴样式。

3）记住找平工程施工流程。

4）记住瓷砖铺贴工程施工流程。

5）记住石材铺贴工程施工流程。

二、技能目标

能够熟练地进行块料材料的工程施工。

三、素养目标

养成认真负责、精益求精的工作态度。

任务一　泥瓦工主辅材料选购

任务引入

在进行装饰装修时，对使用的水泥、瓷砖、大理石等这些材料，怎样进行选择，是老王夫妇比较头疼的一件事，设计师根据不同部位的需要，给出了相对应的建议。

任务分析

人们对环保的要求越来越高，那么在材料选择上除了美观，更会要求环保，因此，相关材料怎么进行选购也是必须要了解的。

任务实施

一、水泥的选购

1. 水泥的常见种类

市场上常见的M、P·C、P·P、P·S·A、P·O、P·I等水泥品种在民用建筑工程中使用较多。水泥袋上通常会标注有 52. 5、42. 5、32. 5 等字样，代表着不同强度等级，适用于不同的场景。

不同强度等级的水泥不能混用，水泥强度等级越高，其收缩程度就越大。因此，家装消费者应该选择 M 品种的水泥产品，并选择强度等级为 32. 5 的水泥产品。

2. 水泥质量优劣的鉴定

1）正规厂家生产的水泥编织袋或牛皮纸袋防潮性能好、不易破损、标识清晰齐全。包装上明确标注了注册商标、产地、生产许可证编号、执行标准、包装日期、袋装净重、出厂编号等信息。

2）好的装修水泥具有黏性强、保水性好、收缩低、经久耐用等特点。

3）为了避免买到假冒伪劣产品，建议去品牌专营店购买。

4）优质的水泥用手指捻时会有颗粒细腻的感觉，而劣质的水泥则会有受潮和结块的现象，表面粗糙，说明该水泥细度较粗，不正常，使用时强度低、黏性差。

二、抛光砖与抛釉砖的选购

抛光砖和抛釉砖在生产工艺上不同。抛光砖是在胚砖上直接打磨抛光而形成的，因此也被称为通体砖。而抛釉砖则是在胚砖的基础上增加了印花和施釉的工序，相当于又增加了一层。因此，在选购时可以从以下几个方面考虑：

1. 外形对比

抛釉砖的花纹繁多，千变万化，惟妙惟肖。而抛光砖在制作过程中就已定型，色彩与纹理一成不变。因此，在美观度上，抛釉砖独领风骚。

2. 耐磨度对比

抛釉砖表面覆盖着一层晶莹剔透的釉面，光彩夺目。相比之下，抛光砖在制作过程中经历了多次打磨和抛光，十分坚固耐用。

3. 耐污性对比

抛光砖在制作过程中难以避免地会出现凹凸不平的小气孔，这些气孔容易藏污纳垢。相比之下，抛釉砖要经历施釉、印花和抛釉三道工序，不存在小气孔，防污性能更佳。

4. 价格对比

抛釉砖美观大方，使用寿命长，它的价格也相对较高。相比之下，抛光砖制作简单，坚固又耐磨，因此价格更为亲民。

三、瓷砖的选购

1. 性价比方面

根据使用区域来选择。客厅、餐厅使用无釉砖里面的抛光砖或者高光抛釉砖，价格在

100~250 元/m^2，可以买到不错的瓷砖。厨卫和阳台的墙面建议使用抛光砖或玻化砖，效果好且价格实惠。

2. 瓷砖的优劣鉴定

通常会从吸水率、平整度、抗污性、耐磨性等几方面考量。除了以上 4 项物理性能指标之外，在选购瓷砖时还需要考虑美学因素。因为瓷砖就像装饰作品的皮肤一样，它表面的色彩、光泽度、纹理、款式、花色等都会与客户想要的装修风格和家居生活的感觉息息相关。

3. 瓷砖选什么样的规格比较好

选择瓷砖规格时，需要考虑所要铺贴的空间大小。如果客厅面积比较小（30 m^2 以内），则建议使用 600 mm×600 mm 规格以下的瓷砖；如果客厅面积超过 30 m^2，则可以选择 600~800 mm 规格的瓷砖；如果客厅面积已经达到 40 m^2 以上，那么选择的余地就更大了。使用大规格瓷砖可以让家居空间的整体性和扩展性更大。

四、陶瓷、玻璃马赛克的选购

1. 密度

首先挑选一块玻璃马赛克和一块陶瓷马赛克，然后往它们的后面滴水。观察水滴渗透的形状，水往外溢的质量好，往下渗透的质量差。

2. 硬度

拿出锋利物品（如小刀或钥匙），在它们的表面刮一下。如果表面划痕清晰，说明硬度较低，质量较差；反之则说明硬度较高，质量较好。

3. 美缝剂

在铺贴瓷砖时，通常会留下一定的缝隙，美缝剂的作用就是填补这些瓷砖之间的缝隙。美缝剂可分为油性和水性两种。其中，水性美缝剂也被称为水瓷，其环保性能更好，但价格也更高，适合用于亚光类、仿古类瓷砖的填缝材料，能够突出仿古砖的古典韵味。

总的来说，美缝的人工费用相对较高。如果想要节约预算，可以自己动手做。

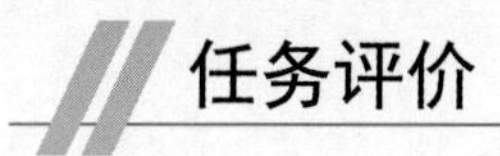

任务评价

知识点评价表

<table>
<tr><th rowspan="3">序号</th><th rowspan="3">评价内容</th><th rowspan="3">评价标准</th><th rowspan="3">配分</th><th colspan="4">评价方式</th></tr>
<tr><th>客观评价</th><th colspan="3">主观评价</th></tr>
<tr><th>系统</th><th>师评（50%）</th><th>互评（30%）</th><th>自评（20%）</th></tr>
<tr><td>1</td><td rowspan="3">预习测验</td><td>能够知道水泥选购时应注意哪些方面</td><td>10</td><td></td><td></td><td></td><td></td></tr>
<tr><td>2</td><td>能够知道抛光砖和抛釉砖选购时应注意哪些方面</td><td>10</td><td></td><td></td><td></td><td></td></tr>
<tr><td>3</td><td>能够知道瓷砖、马赛克材料选购时应注意哪些方面</td><td>10</td><td></td><td></td><td></td><td></td></tr>
<tr><td>4</td><td rowspan="5">课堂问答</td><td>能简述水泥的品种以及质量优劣鉴定的方法</td><td>10</td><td></td><td></td><td></td><td></td></tr>
<tr><td>5</td><td>能正确说出抛光砖和抛釉砖的各自特点</td><td>10</td><td></td><td></td><td></td><td></td></tr>
<tr><td>6</td><td>能正确说出应从哪些方面考量瓷砖的选购</td><td>10</td><td></td><td></td><td></td><td></td></tr>
<tr><td>7</td><td>能简述陶瓷、马赛克的特点与特性</td><td>10</td><td></td><td></td><td></td><td></td></tr>
<tr><td>8</td><td>能识别水泥质量优劣</td><td>10</td><td></td><td></td><td></td><td></td></tr>
<tr><td>9</td><td>课后作业</td><td>能应用所学知识对泥瓦工主辅材料进行选购</td><td>20</td><td></td><td></td><td></td><td></td></tr>
<tr><td colspan="3">总配分</td><td colspan="5">100 分</td></tr>
</table>

素养点评价表

序号	评价内容	评价标准	配分	评价方式			
				客观评价	主观评价		
				系统	师评（50%）	互评（30%）	自评（20%）
1	学习纪律	考勤，无迟到、早退、旷课行为	20				
2		课上积极参与互动	20				
3		尊重师长，服从任务安排	20				
4	团队意识	有团队协作意识，积极、主动与人合作	20				
5	创新意识	能够根据现有知识举一反三	20				
否决项		违反教室守则，在教室内嬉戏打闹、损坏教室设备等影响恶劣行为者，该任务职业素养记为零分	0				
总配分			100 分				

任务总结

一、泥瓦装修阶段的主要辅材——水泥

水泥在家装辅材中算是基础材料，起到的主要作用是涂刷墙壁、磨平地面还有对瓷砖铺贴有粘贴作用。在家装中最常使用的是 42.5 级普通硅酸盐水泥，水泥使用的时候通常都会搅拌配比，需要注意的是在给水泥配比时应该控制好比例，并不是水泥的比例越多越好，水泥会吸收大量的水，如果水泥比例太大，在铺贴瓷砖时很容易将瓷砖中的水分吸收掉，使其脱落。正确的比例应该是水泥、砂浆的搅拌比例为 1∶2。

二、泥瓦装修阶段的主要辅材——砂子

砂子主要是用来配制水泥的，墙体的建筑、瓷砖的粘贴都要使用砂子，砂子又分为细砂、中砂、粗砂这三种常见砂，直径分别为细砂粒径 0. 25~0. 35 mm，中砂粒径 0. 35~0. 5 mm，粗砂粒径大于 0. 5 mm，本阶段使用河砂中的粗砂和中砂。

三、泥瓦装修阶段的主要辅材——砖头

砖头也属于家装辅料，砌墙用的砖头一般以 240 mm×115 mm×53 mm 规格为主。分别需要堆砌烟囱砖、下水道砖、砌墙砖、楼板砖、拱壳砖、地面砖等。根据堆砌砖头建筑性质的不同，又可以分为花板砖、饰面砖、承重砖、非承重砖、工程砖、保温砖、吸声砖等。

四、泥瓦装修阶段的主要辅材——防水材料

在选择防水材料的时候要注意，防水材料主要分为柔性防水灰浆、刚性防水灰浆和防水剂三种，柔性防水灰浆具有很好的透气不透水性，耐热、耐候性好，耐强，基面具有粘结性，富有弹性，并且柔性防水灰浆无毒环保、高效防水，有良好的防振动、防移位效果。

五、泥瓦装修阶段的主要辅材——添加剂

在使用水泥砂浆的时候还应该要添加添加剂，所以添加剂也是必须要购买的材料之一，因为如果砂浆中没有这个物质，就会导致它的弹性以及黏力不是很好。如果是从性能方面考虑的话，建议可以选择白乳胶，不过价格自然也会高一些，虽然 107 胶也可以使用，但是因为它的污染比较大，在很多城市中其实是禁用的。

任务二　砖材、石材拼贴样式

任务引入

隐蔽工程完工后，在对泥瓦工程施工时，老王夫妇针对自己房屋的特点，想在铺贴块材时，有一定的新意。设计师向老王夫妇介绍了拼贴的样式。

任务分析

铺贴工程包括墙面、地面等，是泥工进场后的主要工作，在这里介绍拼贴的类型、方

法等。

任务实施

一、砖材拼贴方法

1. 横铺或竖铺铺贴法

以与墙边平行的方式进行铺贴，长边或宽边与墙对齐起贴。砖缝要对齐，同时使用与砖的颜色接近的勾缝剂勾缝处理，看起来清爽、整洁。这种铺贴法最能体现仿大理石瓷砖的效果，通过弱化铺法技巧来凸显瓷砖本身的花纹和款式。

2. 工字铺贴法

工字铺贴法其实是木地板常用的铺设方法，因此我们平时使用的木纹砖经常运用工字铺贴法来达到仿木地板的效果。当然，一些仿古砖、文化石也可以采用这种方式。工字铺贴法有拉伸视觉的作用，因此还适合在狭长的空间里使用。

3. 菱形铺贴法

以与墙边成45°角的方式排砖铺贴来做斜铺，是欧式风格里面最常见的铺法，非常适合用来表现仿古砖的古朴风韵。这种铺法能够使墙面或地面的层次感更加强烈，别墅室内设计中经常使用这种方法。

4. 人字铺贴法

相邻的两块长方形瓷砖按照90°角铺贴，形成如同“人”字一样的形状。这种铺贴法经常在欧洲古堡和古典家居中出现，同时也适用于现代简约风格的家中。由于人字铺贴法能够扩大空间的视觉效果，因此在室内设计中被广泛应用。

5. 组合式铺贴法

组合式贴法就是把不同尺寸、款式和颜色的瓷砖，按照两种或者两种以上的组合方式进行铺贴。通常可以使用颜色略深于所铺主体瓷砖的大理石或瓷砖，在地面周围以约 15 cm 围边，让人们感觉用材更加精致，更能烘托出空间气氛。

二、石材拼贴方式

1. 回形铺贴

在大理石 4 个边界搭配不同颜色、纹理的长条形石材，从而在整个地面形成“回”字的既视感。回形铺贴时尚大气，十分贴合大理石的空间气质。

2. 混搭正铺

用 2~3 款不同纹理的大理石进行不规则铺贴，个性十足，更适用于大空间。

3. 混搭斜铺

将两款大理石在与墙地面水平线呈45°时进行交替斜铺，大大增强空间立体感。

4. 直条式铺贴

将两款不同的大理石并列交替铺开，可以同宽也可以一宽一窄，呈现条纹式的空间效果。

5. 点阵式铺贴

想要低调又好看，点阵式铺贴也是不错的方案。在每片板材的边角处用小规格作为点缀，显得温馨、可爱。点阵式铺贴更适用于精致的小空间，因为边角搭配石材面积不大，用于大空间容易显得小家子气。

6. 条纹人字形组合

不同款式的大理石组成条纹效果，并采用人字铺贴，绝对能成为视觉焦点，但这种铺贴方案相对损耗较大。

7. 叠边回字形

在回形铺贴的基础上，增加边线效果，或者不同“回”字之间相互交错，形成华美繁复的铺贴效果。

贴砖铺砖工程

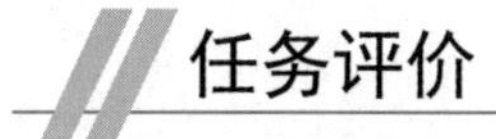

任务评价

知识点评价表

序号	评价内容	评价标准	配分	评价方式			
				客观评价	主观评价		
				系统	师评（50%）	互评（30%）	自评（20%）
1	预习测验	能够知道砖材拼贴的主要方法	10				
2		能够知道石材拼贴的主要样式	10				
3	课堂问答	能简述砖材横铺或竖铺铺贴法的效果	10				
4		能简述砖材工字铺贴法的适用范围与效果	10				
5		能简述砖材菱形铺贴法的适用风格	10				

续表

序号	评价内容	评价标准	配分	评价方式			
				客观评价	主观评价		
				系统	师评（50%）	互评（30%）	自评（20%）
6	课堂问答	能简述砖材人字铺贴法的视觉效果	10				
7		能简述砖材组合式铺贴法的特点	10				
8		能简述石材回形铺贴与直条式铺贴的各自效果	10				
9		能简述石材混搭正铺与混搭斜铺的不同效果	10				
10	课后作业	能应用所学知识自行设计砖材、石材拼贴样式	10				
总配分			100 分				

素养点评价表

序号	评价内容	评价标准	配分	评价方式			
				客观评价	主观评价		
				系统	师评（50%）	互评（30%）	自评（20%）
1	学习纪律	考勤，无迟到、早退、旷课行为	20				
2		课上积极参与互动	20				
3		尊重师长，服从任务安排	20				
4	团队意识	有团队协作意识，积极、主动与人合作	20				

续表

序号	评价内容	评价标准	配分	评价方式			
				客观评价	主观评价		
				系统	师评（50%）	互评（30%）	自评（20%）
5	创新意识	能够根据现有知识举一反三	20				
否决项		违反教室守则，在教室内嬉戏打闹、损坏教室设备等影响恶劣行为者，该任务职业素养记为零分	0				
总配分			100 分				

任务总结

砖、石材地面装饰构造

砖、石材拼贴分为墙面用拼贴和地面用拼贴两类，墙面用拼贴又分为外墙用和内墙用两类。

外墙常用规格尺寸（单位：mm）：25×25、45×45、45×95、73×73、95×95、100×100、140×280、100×200、60×240、45×145、45×195 等。

内墙常用规格尺寸（单位：mm）：200×300、250×330、300×450、300×600、250×400 等。

地面常用规格尺寸（单位：mm）：300×300、330×330、500×500、600×600、800×800、1 000×1 000 等。

部分砖、石材厂商可根据要求生产其他规格，非主流规格的尺寸价格比较昂贵。室内地面所用石材一般为磨光的板材，板厚 20 mm 左右，目前也有薄板，厚度在 10 mm 左右，适于家庭装饰用。

每块大小在 300 mm×300 mm 至 500 mm×500 mm。

可使用薄板和 1∶2 水泥砂浆掺 108 胶铺贴。

常用砖材、石材拼贴样式如表 1-1 所示。

表 1-1　常用砖材、石材拼贴样式

序号	规格/mm	样式	备注
1	A：12×12 B：6×6	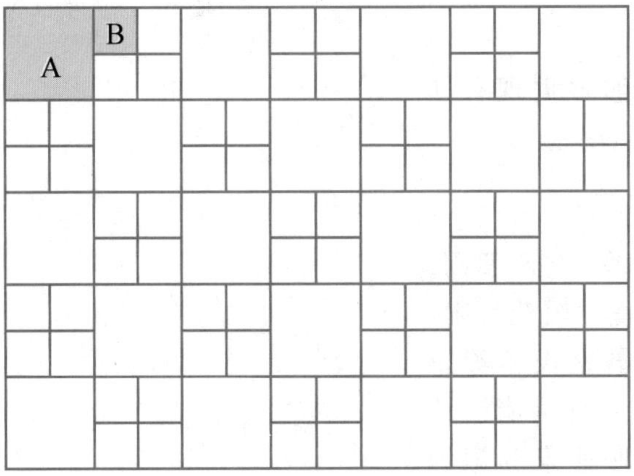 A B	
2	A：12×12 B：6×6	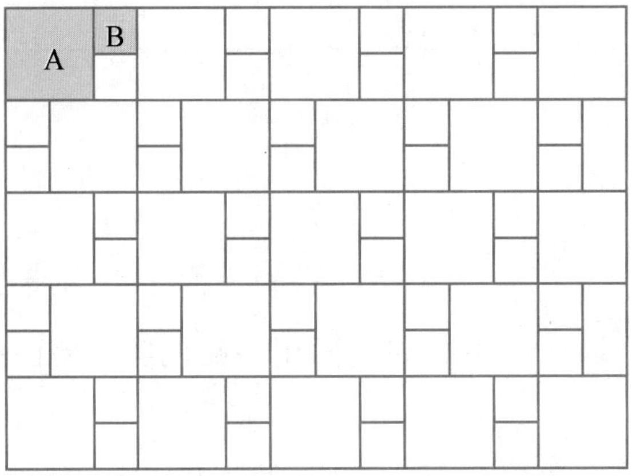 A B	
3	A：12×12	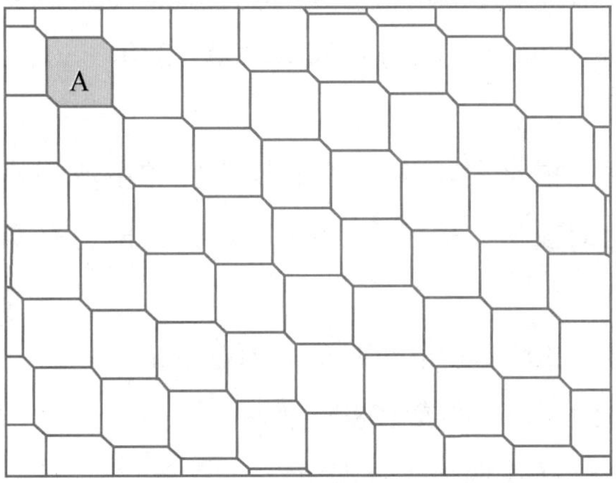 A	

续表

序号	规格/mm	样式	备注
4	A：12×12 B：6×6	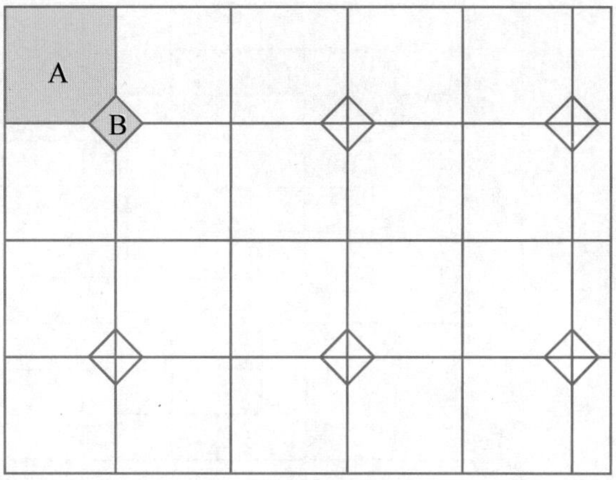 A B	
5	A：12×6	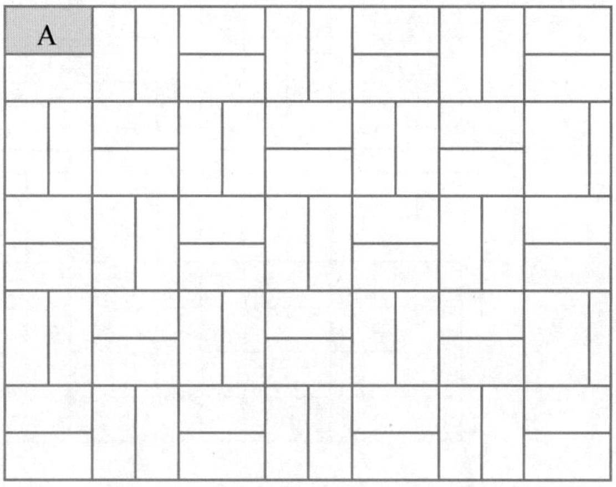 A	
6	A：6×6 B：12×6 C：12×12	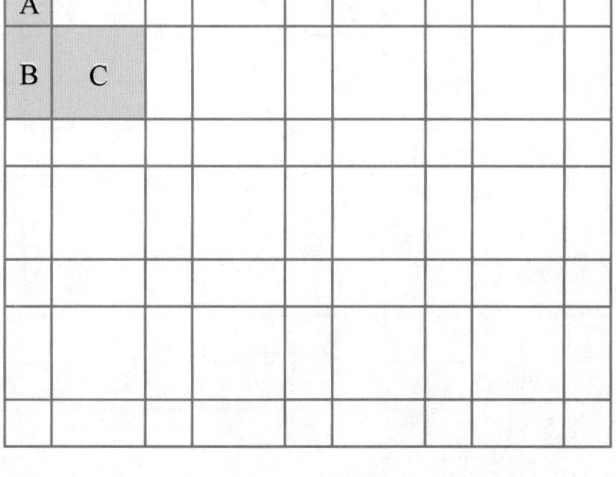 A B　C	

续表

序号	规格/mm	样式	备注
7	A：12×12 B：12×6 C：6×6	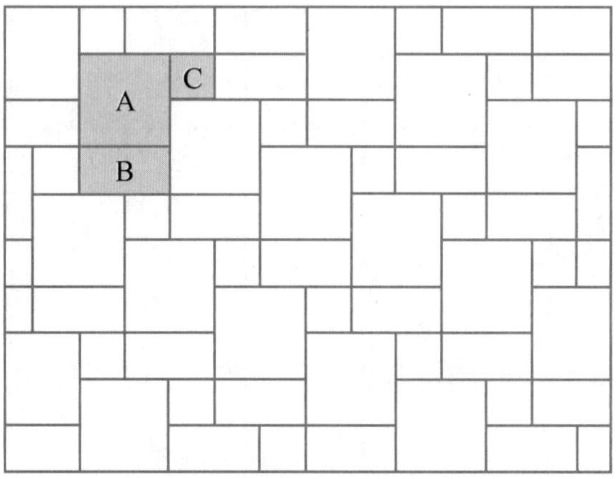 A B C	
8	A：12×6 B：6×6	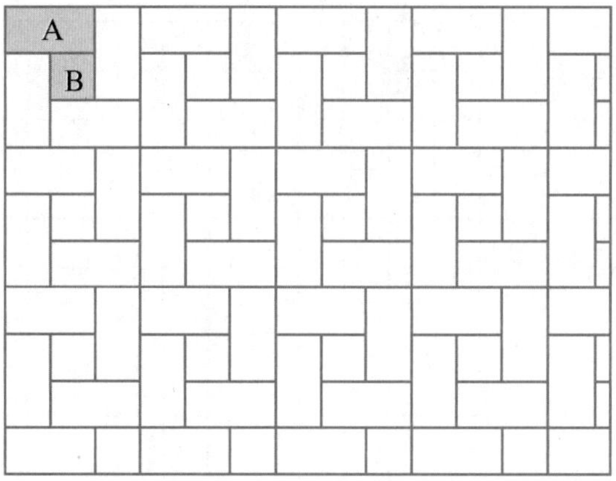 A B	
9	A：12×6	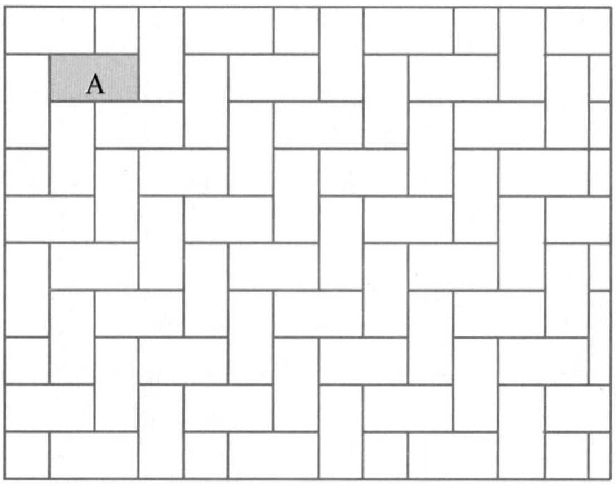 A	

续表

序号	规格/mm	样式	备注
10	A：12×12 B：6×3	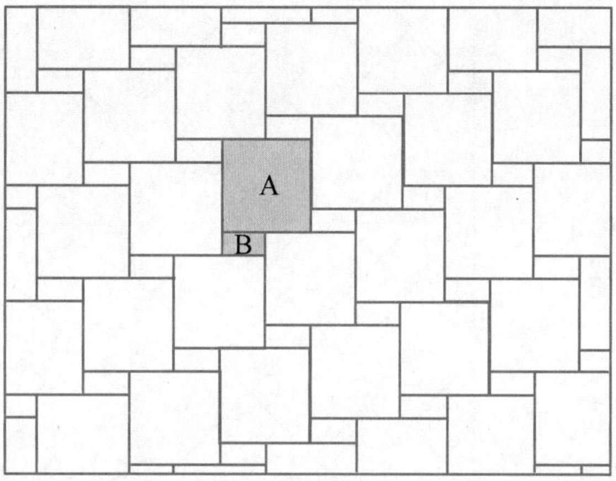 A B	
11	A：12×12 B：6×6 C：18×12 D：3×12	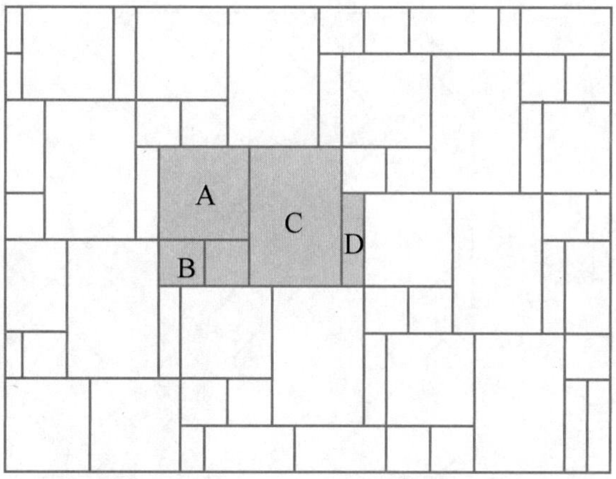 A C D B	
12	A：12×12 B：3×12 C：18×12 D：6×6	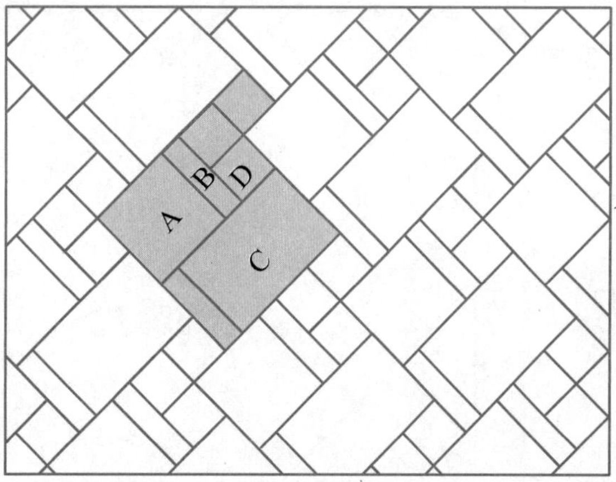 B D A C	

续表

序号	规格/mm	样式	备注
13	A：6×6 B：12×12	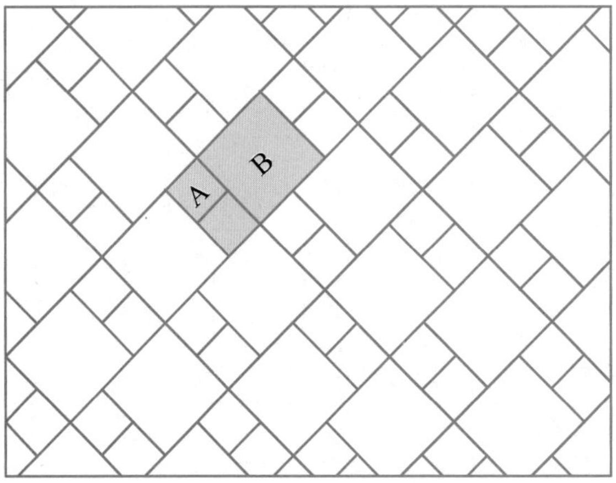	
14	A：6×6 B：12×12	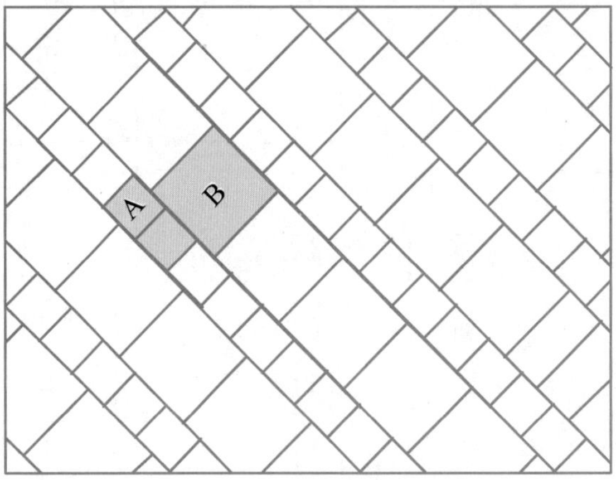	
15	A：12×12 B：6×6 C：18×12	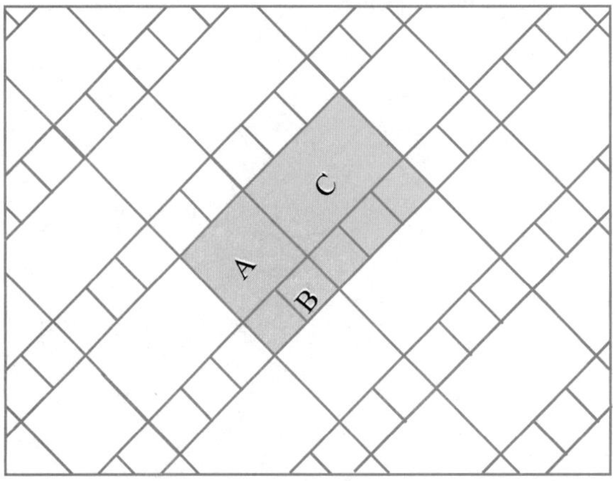	

续表

序号	规格/mm	样式	备注
16	A：6×6 B：12×6 C：12×12	A B C	

任务三　找平工程施工

任务引入

设计师在给老王夫妇介绍施工工艺时，提到了找平的重要性。

任务分析

在进行找平时，一定要注意施工工艺流程及验收标准。

任务实施

一、任务准备

通过对找平工程施工项目的学习与了解，对找平工程项目进行施工项目实操训练。

1）分组练习：每 5 人为一个小组，按照施工方法与步骤认真进行技能实操训练。

2）组内讨论、组间对比组员之间可就有关施工的方法、步骤和要求进行相互讨论与观摩，以提高实操练习的质量与效率。

二、工具及材料的准备

1. 施工材料

主要施工材料有砂和水泥，如图 2-1 所示。

1）砂 ：采用河砂或山砂，不允许用海砂，粒径采用粗砂或中砂，含泥量不大于 3%。

2）水泥：硅酸盐水泥、普通硅酸盐水泥，浅色地砖用普通硅酸盐白水泥，强度 42.5 MPa。

（a）

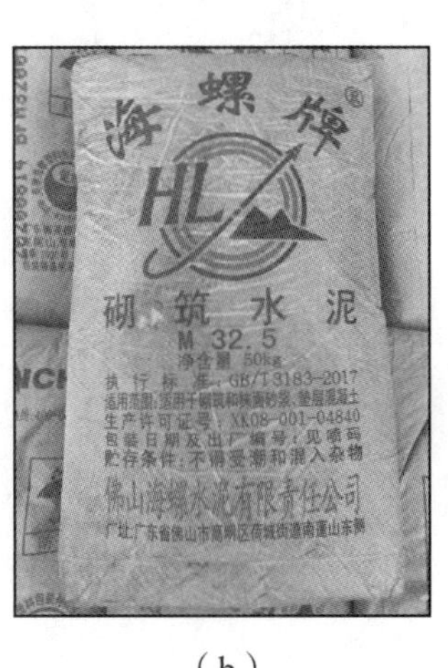

（b）

图 2-1 施工材料

（a）砂；（b）水泥

2. 施工工具

找平施工中主要使用的工具如图 2-2 所示。

1）搅拌器：主要用于搅拌水泥砂浆等。

2）激光红外线投线仪：现代施工中常用，可以用来找规矩、拉控制线等，功能强大且便捷，可同时投出垂直、水平多条控制线。

3）齿形刮刀：用于平整基层等。

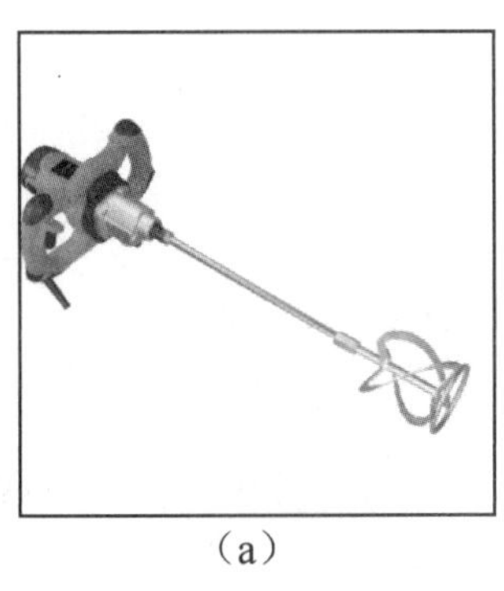

（a）

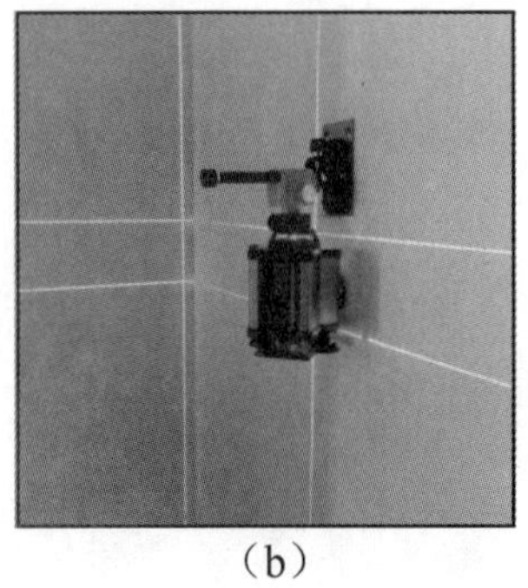

（b）

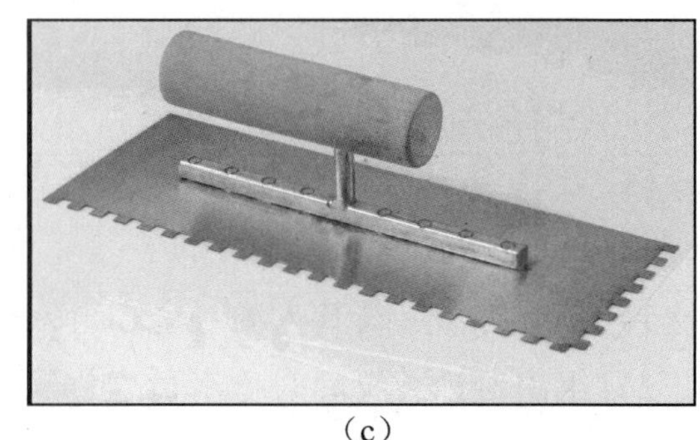

（c）

图 2-2 施工工具

（a）搅拌器；（b）激光红外线投线仪；（c）齿形刮刀

三、找平施工

施工步骤：清理基层→找标高、弹线→铺设砂浆→砂浆表面找平→养护。

1. 清理基层

浇灌砂浆前，应清除基层的泥和杂物，基层表面平整度应控制在 10 mm 内。有油污时，应用 10%火碱水刷净，并用清水冲洗干净，如图 2-3 所示。

图 2-3　用工具把地面清理干净

2. 找标高、弹线

根据墙上水平标高控制线，向下量出找平层标高，在墙上弹出控制标高线，如图 2-4 所示。找平层面积较大时采用水泥砂浆制作找平墩，控制垫层标高，找平墩尺寸以 60 mm×60 mm 制作，高度同找平层厚度，双向布置，间距不大于 2 m。用水泥砂浆做找平层时，还应冲筋，如图 2-5 所示。

图 2-4　找平标高、弹线

图 2-5　冲筋

3. 铺设砂浆

铺设前，将基层湿润，并在基底上刷一道素水泥浆或界面结合剂，随刷随铺砂浆，砂浆铺设应从一端开始，由内向外连续铺设，如图 2-6 所示。

室内地面的水泥砂浆找平层，应设置纵向缩缝和横向缩缝；纵向缩缝间距不得大于 6 m，并应做成平头缝或加肋板平头缝，当找平层厚度大于 150 mm 时，可做企口缝；横向缩缝间距不得大于 12 m，宜采用假缝。

4. 砂浆表面找平

砂浆先用水平刮杠刮平，然后表面用木抹子搓平，铁抹子抹平压光，如图 2-7 所示。

图 2-6　通铺水泥

图 2-7　抹平压光

5. 养护

找平层施工完 12 h 后应进行覆盖和浇水养护，养护时间不得少于 7 天。

三、水泥砂浆找平验收

在进行水泥砂浆地面找平工作时，必须严格按照验收标准进行验收，以确保地面质量符合要求。

水泥砂浆地面找平的验收标准应包括以下几个方面：

1）平整度：地面应平整，不得有凸起或凹陷，平整度误差不得超过 3 mm。

2）强度：地面强度应符合设计要求，不得出现开裂、起砂等现象。

3）表面平整度：地面表面应平整、光滑，不得有明显的砂浆痕迹或砂浆流淌现象。

任务评价

知识点评价表

<table>
<tr><th rowspan="3">序号</th><th rowspan="3">评价内容</th><th rowspan="3">评价标准</th><th rowspan="3">配分</th><th colspan="4">评价方式</th></tr>
<tr><th>客观评价</th><th colspan="3">主观评价</th></tr>
<tr><th>系统</th><th>师评（50%）</th><th>互评（30%）</th><th>自评（20%）</th></tr>
<tr><td>1</td><td rowspan="3">预习测验</td><td>能够知道找平工程施工的目的</td><td>10</td><td></td><td></td><td></td><td></td></tr>
<tr><td>2</td><td>能简述找平工程的施工流程</td><td>10</td><td></td><td></td><td></td><td></td></tr>
<tr><td>3</td><td>能说出清理基层的要点</td><td>10</td><td></td><td></td><td></td><td></td></tr>
<tr><td>4</td><td rowspan="4">课堂问答</td><td>能正确说出找标高、弹线的要点</td><td>10</td><td></td><td></td><td></td><td></td></tr>
<tr><td>5</td><td>能正确说出铺设砂浆的施工要点</td><td>10</td><td></td><td></td><td></td><td></td></tr>
<tr><td>6</td><td>能正确说出砂浆表面找平的要点</td><td>10</td><td></td><td></td><td></td><td></td></tr>
<tr><td>7</td><td>能说出找平施工养护方式及时间</td><td>10</td><td></td><td></td><td></td><td></td></tr>
<tr><td>8</td><td>课后作业</td><td>能对找平工程施工的工艺流程以及操作要点进行总结</td><td>30</td><td></td><td></td><td></td><td></td></tr>
<tr><td colspan="3">总配分</td><td colspan="5">100 分</td></tr>
</table>

技能点评价表

<table>
<tr><th rowspan="3">序号</th><th rowspan="3">评价内容</th><th rowspan="3">评价标准</th><th rowspan="3">配分</th><th colspan="4">评价方式</th></tr>
<tr><th>客观评价</th><th colspan="3">主观评价</th></tr>
<tr><th>系统</th><th>师评（50%）</th><th>互评（30%）</th><th>自评（20%）</th></tr>
<tr><td rowspan="3">仿真</td><td>工具选择</td><td>工具选择错误一个扣 1 分</td><td>10</td><td></td><td></td><td></td><td></td></tr>
<tr><td>材料选择</td><td>材料选择错误一个扣 1 分</td><td>10</td><td></td><td></td><td></td><td></td></tr>
<tr><td>操作步骤</td><td>操作步骤错误一步扣 2 分</td><td>20</td><td></td><td></td><td></td><td></td></tr>
</table>

续表

序号	评价内容	评价标准	配分	评价方式			
				客观评价	主观评价		
				系统	师评（50%）	互评（30%）	自评（20%）
实操	平整度	平整度误差≤3 mm	20				
	强度	不得出现开裂、起砂等现象	20				
	表面平整度	不得有明显的砂浆痕迹或砂浆流淌现象	20				
总配分			100 分				

素养点评价表

序号	评价内容	评价标准	配分	评价方式			
				客观评价	主观评价		
				系统	师评（50%）	互评（30%）	自评（20%）
1	学习纪律	考勤，无迟到、早退、旷课行为	10				
2		课上积极参与互动	10				
3		尊重师长，服从任务安排	10				
4		充分做好实训准备工作	10				
5	卫生与环保意识	节约使用施工材料，无浪费现象	10				
6		操作时，工具和材料按要求摆放，操作台面整洁	10				
7		实训后，自觉整理台面、工具和材料	10				

续表

序号	评价内容	评价标准	配分	评价方式			
				客观评价	主观评价		
				系统	师评（50%）	互评（30%）	自评（20%）
8	规范意识	严格遵守实训操作规范，无违规操作	10				
9		在规定时间内完成任务	10				
10	团队意识	有团队协作意识，积极、主动与人合作	10				
否决项		违反实训室守则，在实训室内嬉戏打闹、损坏实训室设备等影响恶劣行为者，该任务职业素养记为零分	0				
总配分			100分				

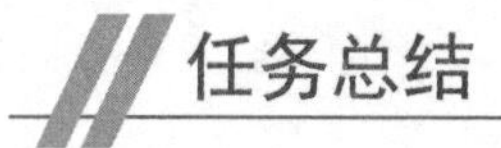

任务总结

找平工程施工要点

1. 调配水泥砂浆

水泥砂浆配比很重要，配比不对后期面层容易粉化、起砂、裂纹、起鼓，导致地面铺贴不平整，出现一些空鼓现象。

正确的水泥砂浆调配采用强度等级为42. 5的普通硅酸盐水泥和中砂，水泥和砂按1∶2. 5比例调配。

2. 基层打点冲筋

依照地面完成标高线，沿墙四周抹灰饼，简称打点，用水泥砂浆在地面基层上做5 cm×5 cm大小的标准块，横竖间距在1. 5~2 m，以此控制水泥砂浆厚度一致。

抹完灰饼，继续用砂浆做出几条灰筋，将灰饼沿垂直和水平方向连接，控制水泥砂浆整体平整度，此过程称为冲筋。

3. 通铺水泥砂浆

通铺水泥砂浆之前，先将地面基层均匀洒水湿润一遍，在基底上刷一道素水泥浆或界面胶粘剂，增加基层和砂浆层之间的粘结力。

4. 面层压光

水泥砂浆找平层似干未干的时候，在表面用水泥浆收光，水泥浆铺上以后，表面的水分能灌到下面垫层，最大限度避免找平层开裂。

任务四　瓷砖铺贴

任务引入

老王夫妇向设计师述说了自己对于瓷砖铺贴的想法，于是设计师按照老王夫妇的需求拟定了施工方案，并向老王夫妇详细介绍了整个施工过程及效果。

室内墙面、地面铺贴瓷砖是家庭装修的普遍选择，砖面铺贴是否平整、勾缝是否整齐、磨边技巧好坏等决定整体墙地面的效果和使用。

在这里介绍贴砖、铺砖施工工艺流程。

任务分析

一、瓷砖的分类

1. 按材料分类

1）马赛克（见图 2-8）：有玻璃马赛克（原材料为玻璃）、陶瓷马赛克两种。

图 2-8　马赛克

2）玻化砖（见图 2-9）：玻化砖是瓷质抛光砖的俗称，是通体砖坯体的表面经过打磨而成的一种光亮的砖，属通体砖的一种。吸水率低于 0.5%的陶瓷砖都称为玻化砖，抛光砖吸水率低于 0.5%也属玻化砖（高于 0.5%就只能是抛光砖不是玻化砖），然后将玻化砖进行镜面抛光即得玻化抛光砖，因为吸水率低的缘故其硬度也相对比较高，不容易有划痕。玻化砖可广泛用于各种工程及家庭的地面和墙面，常用规格是 400 mm×400 mm、500 mm×500 mm、600 mm×600 mm、800 mm×800 mm、900 mm×900 mm 和 1 000 mm×1 000mm。玻化砖吸水率小于或等于 0.5%，属于全瓷砖。

图 2-9　玻化砖

3）仿古砖（见图 2-10）：是釉面瓷砖的一种，胚体为炻瓷质（吸水率 3%左右）或炻质（吸水率 8%左右），用于建筑墙、地面，由于花色有纹理，类似石材贴面用久后的效果，行业内一般简称为仿古砖。

图 2-10　仿古砖

2. 按吸水率分类

1）陶质：吸水率>6%，主要用于墙面装饰。

2）半陶半瓷：指 3%<吸水率<6%的陶瓷产品。

3）全瓷：指吸水率<3%，可以广泛用于墙地面装饰。

3. 按使用场合分类

1）内墙砖：用于室内墙面的陶瓷材料。

2）地砖：用于地面的陶瓷产品。

3）外墙砖：用于建筑外墙面以及阳台的陶瓷材料。

4）广场砖：用于户外大型广场以及人行道等场合的陶瓷产品。

二、瓷砖的特点

1. 釉面砖

釉面砖是目前装修中最为常见的砖种之一。其丰富的色彩和图案设计，以及强大的防污能力，让其在墙面和地面装修中得到了广泛的应用。然而，对于釉面砖的质量问题需要关注三个方面：

1）龟裂。龟裂产生的根本原因在于坯体与釉层之间的应力超出了它们之间的热膨胀系数之差。当釉面的热膨胀系数大于坯体时，在冷却过程中釉面会收缩得更多，从而产生拉伸应力。当拉伸应力超过釉层所能承受的极限强度时，就会导致龟裂的产生。

2）坯体密度。无论是哪一种砖，吸水都是自然的，但是当坯体密度过于疏松时，就不仅仅是吸水的问题了，而是渗水泥的问题，即水泥的污水会渗透到表面。

3）常用规格。正方形釉面砖有 152 mm×152 mm、200 mm×200 mm，长方形釉面砖有 152 mm×200 mm、200 mm×300 mm 等规格，常用的釉面砖厚度为 5 mm 或 6 mm。

2. 通体砖

通体砖的表面不上釉，而且正面和反面的材质和色泽一致，因此得名。

通体砖是一种耐磨砖，虽然市场上现在也有渗花通体砖等不同品种，但相对而言，其花色不如釉面砖丰富。然而，随着室内设计越来越倾向于素色设计，通体砖也逐渐成为一种时尚的选择，被广泛应用于厅堂、过道、室外走道等地面装修项目中。通常情况下，通体砖并不常用于墙面。多数防滑砖都属于通体砖类别。

通体砖的常用规格有 300 mm×300 mm、400 mm×400 mm、500 mm×500 mm、600 mm×600 mm 和 800 mm×800 mm。

3. 抛光砖

抛光砖是一种经过打磨而成的光亮砖，其表面光洁度远高于通体砖。相较于通体砖，抛光砖更加坚硬耐磨，适用于除洗手间和厨房以外的多数室内空间。此外，运用渗花技术，抛光砖可以做出各种仿石、仿木效果，增加了其美观性和装饰性。

抛光砖有一个致命的缺点：易脏。这是由抛光砖在抛光过程中留下的凹凸气孔所致，这些气孔会藏污纳垢，甚至一些茶水倒在抛光砖上都难以清洗。

也许业界意识到这点，后来一些质量较好的抛光砖在出厂时加入了防污层，但这也使抛光砖失去了通体砖的效果。如果想要继续保持通体砖的效果，就只能继续刷防污层。在装修界，有些人在施工前会打上水蜡，以防止脏污的情况发生。

抛光砖的常用规格有 400 mm×400 mm、500 mm×500 mm、600 mm×600 mm、800 mm×800 mm、900 mm×900 mm 和 1 000 mm×1 000 mm。

4. 玻化砖

为了解决抛光砖易脏的问题，市场上出现了一种新型的瓷砖——玻化砖。玻化砖就是全瓷砖的一种。与抛光砖相比，玻化砖表面更加光洁，而且不需要抛光，因此不存在抛光气孔的问题。

玻化砖是一种经过高温烧制的强化抛光砖，其质地比普通抛光砖更为坚硬、更加耐磨。由于其生产工艺和材料成本的原因，玻化砖的价格也相对较高。

玻化砖主要是地面砖，常用规格有 400 mm×400 mm、500 mm×500 mm、600 mm×600 mm、800 mm×800 mm、900 mm×900 mm 和 1 000 mm×1 000 mm。

三、铺贴地砖工程检测验收

1）表面洁净，纹路一致，无划痕、无色差、无裂纹、无污染、无缺棱掉角等现象。

2）地砖边与墙交接处缝隙合适，踢脚能完全将缝隙盖住，宽度一致，上口平直。

3）地砖平整度用 2 m 水平尺检查，误差不得超过 2 mm，相邻砖高差不得超过 1 mm。

4）地砖粘贴时必须牢固，空鼓控制在总数的 5%，单片空鼓面积不超过 10%（主要通道上不得有空鼓）。

5）地砖缝宽 1 mm，不得超过 2 mm，勾缝均匀、顺直。

6）厨房和厕所的地坪高度不应高于室内走道或厅地坪，最好比室内地坪低 10～20 mm。如果有排水要求，地砖铺贴坡度应满足排水要求。对于有地漏的地砖铺贴，应采用一种极小的倾斜坡度，使其方向指向地漏，并且与地漏结合处应严密、牢固。

任务实施

一、任务准备

通过对瓷砖铺贴项目的学习与了解，在施工现场进行施工项目实操训练。

1）分组练习：每 5 人为一个小组，按照施工方法与步骤认真进行技能实操训练。

2）组内讨论、组间对比：组员之间可就有关施工的方法、步骤和要求进行相互讨论与观摩，以提高实操练习的质量与效率。

二、工具及材料的准备

1. 施工工具

瓷砖铺贴所需准备工具包括瓷砖切割机、吸盘、平锹、橡皮锤、弯角方尺、水平尺、铁抹子、泡砖水桶等，如图 2-11 所示。

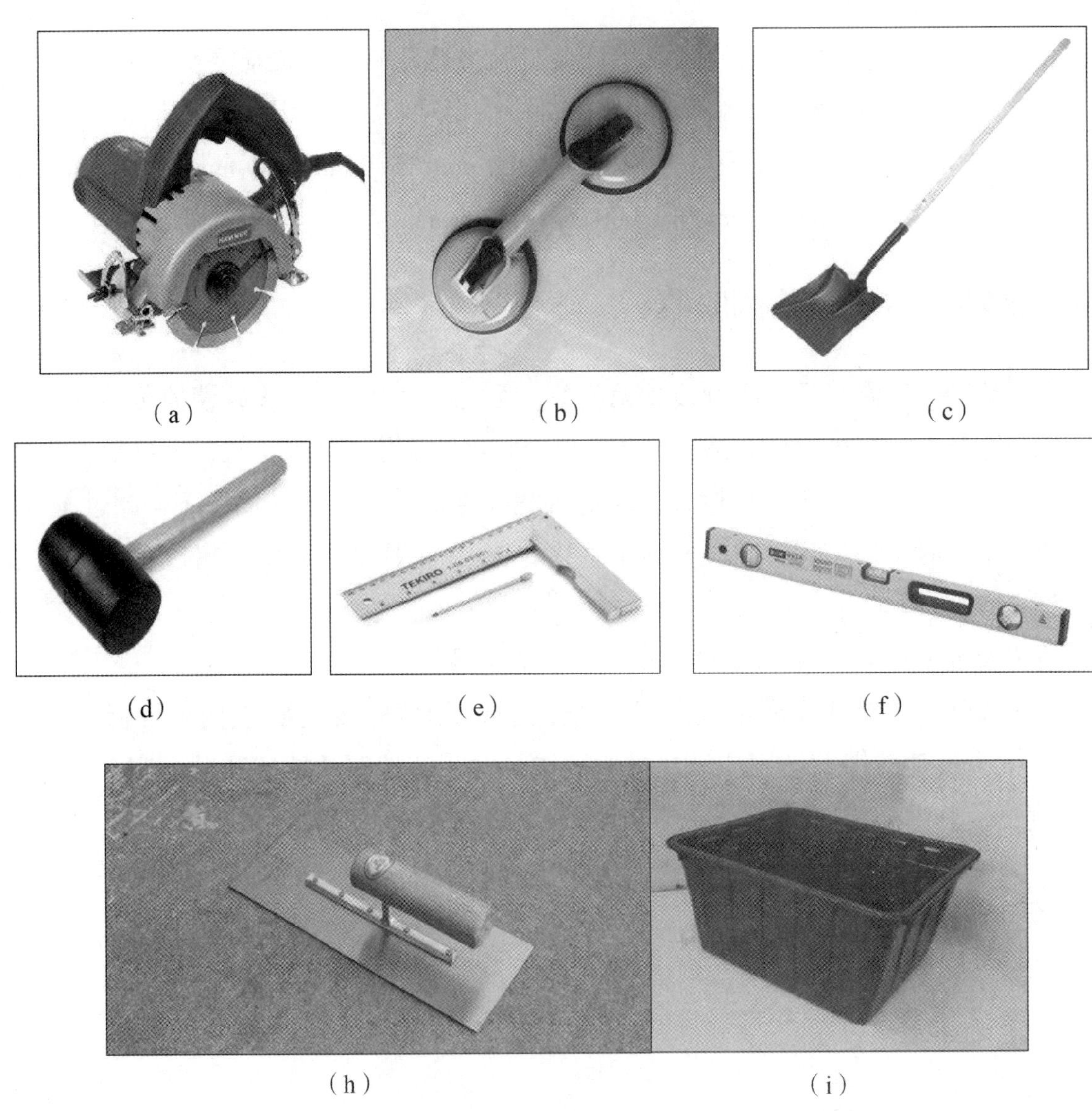

图 2-11 施工工具

(a) 瓷砖切割机；(b) 吸盘；(c) 平锹；(d) 橡皮锤；(e) 弯角方尺；(f) 水平尺；(h) 铁抹子；(i) 泡砖水桶

2. 施工材料

1）水泥。42.5 级以上普通硅酸盐水泥或矿渣硅酸盐水泥。

2）砂。粗砂或中砂，含泥量不大于 3%，过 8 mm 孔径的筛子。

3）地砖。验收合格后，在施工前将有质量缺陷的先剔除。瓷砖质量除了需要检查是否有破损之外，需要对瓷砖检查是否方正。如图 2-12 所示为瓷砖质量有问题的完成面，影响效果。

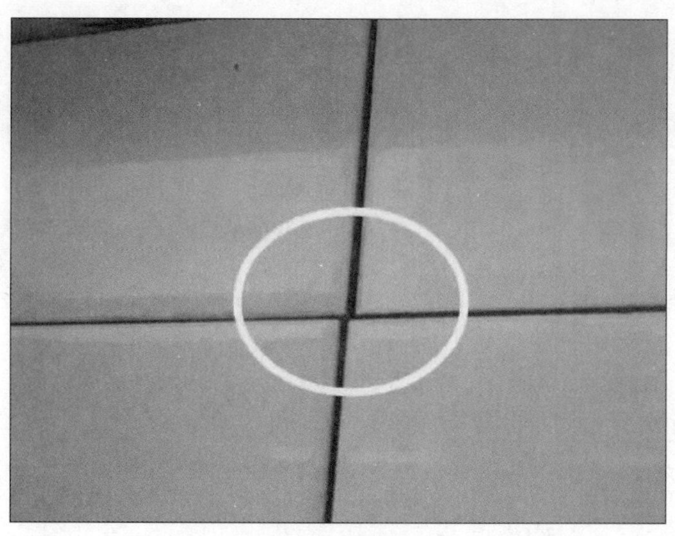

图 2-12　瓷砖质量有问题的完成面

三、铺贴施工

施工流程：基层处理→铺找平层（做灰饼、冲筋）→抹结合层→弹铺砖控制线→铺贴地砖→擦缝→清洁→养护。

1. 基层处理、定标高

基层处理、定标高如图 2-13 所示。

1）将基层表面的浮土或砂浆铲掉，清扫干净。

2）根据+50mm 水平线和设计图纸找出地面标高，做找平层。

3）根据排砖图及缝宽在地面上弹纵横控制线。

2. 切割地砖

根据地砖铺贴要求，利用工具切割地砖，如图 2-14 所示。

图 2-13　基层处理、定标高

图 2-14　切割瓷砖

3. 铺找平层

用 1∶3 水泥砂浆打底，木杠刮平，木抹子搓毛。如找坡度，要在冲筋时做出。做灰饼并做冲筋以把握标高。

4. 抹结合层

一般采用水泥砂浆结合层，如图 2-15 所示，厚度为 5~10 mm；铺设厚度以放上面砖时，高出面层标高线 3~4 mm 为宜，铺好后用大杠尺刮平，再用抹子拍实找平（铺设面积不得过大）。

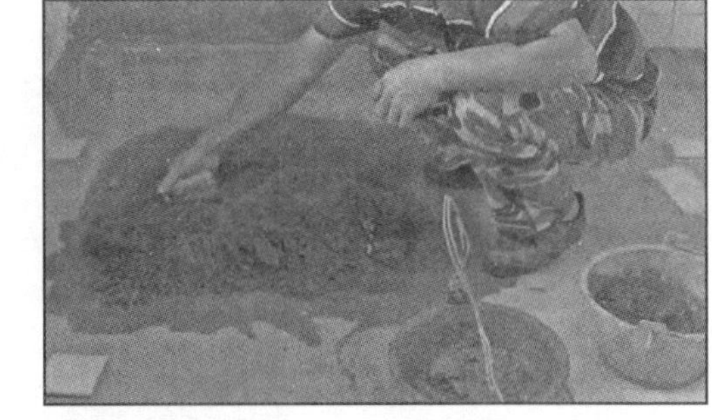

图 2-15　抹结合层

5. 弹铺砖控制线

1）先根据排砖图确定铺砌的缝隙宽度，一般为：缸砖 10 mm；卫生间、厨房通体砖 3 mm；房间、走廊通体砖 2 mm。

2）根据排砖图及缝宽在地面上弹纵、横控制线，如图 2-16、图 2-17 所示。注意该十字线与墙面抹灰时控制房间方正的十字线是否对应平行，同时注意开间方向的控制线是否与走廊的纵向控制线平行，不平行时应调整至平行，以避免在门口位置的分色砖出现大小头。（注：拼花地面的排砖一定要提前弹控制线。）

图 2-16　弹地面铺砖控制线

图 2-17　弹拼花地面的铺砖控制线

6. 背面抹砂浆

铺贴时，砖的背面朝上抹粘结砂浆，铺贴到已刷好的水泥砂浆找平层上，如图 2-18 所示。

图 2-18　背面抹砂浆

7. 铺贴地砖

如图 2–19 所示，铺贴时，砖上棱略高出水平标高线，找正、找直、找方后，用橡皮锤拍实，顺序从内退着往外铺贴，做到面砖砂浆饱满，相接紧密、结实。

8. 拔缝、修整

铺完 2~3 行，应随时拉线检查缝格的平直度，如超出规定应立即修整，将缝拨直，并用橡皮锤拍实，如图 2–20 所示。

图 2–19 铺贴地砖

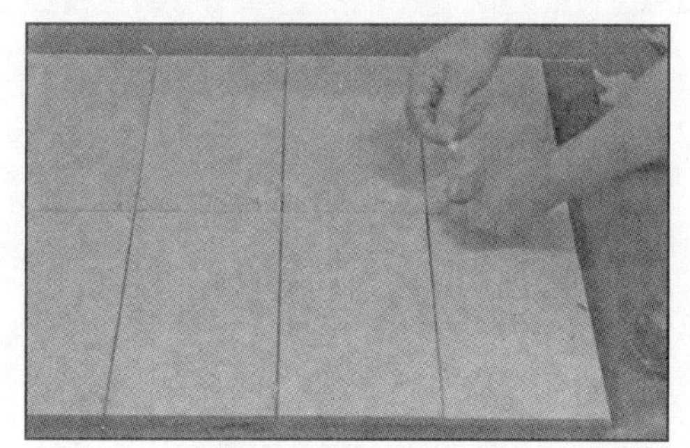

图 2–20 拔缝、修整

9. 勾缝、擦缝

面层铺贴应在 24 小时后进行勾缝、擦缝的工作，并应采用同品种、同强度等级、同颜色的水泥或专门的嵌缝材料。

1）勾缝：用 1 ∶ 1 水泥细砂浆勾缝，缝内深度宜为砖厚的 1/3，要求缝内砂浆密实、平整、光滑。一边勾缝一边将剩余水泥砂浆清走、擦净，如图 2–21 所示。

2）擦缝：如设计要求缝隙很小时，则要求接缝平直，在铺实修好的面层上用浆壶往缝内浇水泥浆，然后用干水泥撒在缝上，再用棉纱团擦揉，将缝隙擦满。最后，将面层上的水泥浆擦干净，如图 2–22 所示。

图 2–21 勾缝

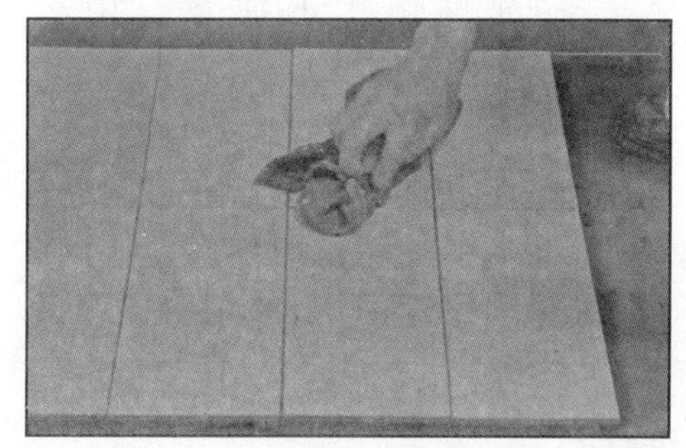

图 2–22 擦缝

10. 清洁、养护

铺完砖 24 小时后，洒水养护，时间应不少于 7 天。当板块面层的水泥砂浆结合层的抗压强度达到设计要求后，方可正常使用。

贴砖铺砖——传统工艺

任务评价

知识点评价表

序号	评价内容	评价标准	配分	评价方式			
				客观评价	主观评价		
				系统	师评（50%）	互评（30%）	自评（20%）
1	预习测验	能够知道铺贴瓷砖的目的	10				
2		能简述传统瓷砖铺贴的施工流程	10				
3		能说出传统瓷砖铺贴的施工要求	10				
4	课堂问答	能正确分析施工图纸图形	10				
5		能正确说出传统瓷砖铺贴材料的规格和型号	10				
6		能正确说出传统瓷砖铺贴的施工操作流程与标准	10				
7		能简述传统瓷砖铺贴施工的质量标准	10				
8		能识别传统瓷砖铺贴的质量通病与防治措施	10				
9	课后作业	能对传统瓷砖铺贴的工艺流程以及操作要点进行总结	20				
总配分			100 分				

技能点评价表

序号	评价内容	评价标准	配分	评价方式			
				客观评价	主观评价		
				系统	师评（50%）	互评（30%）	自评（20%）
仿真	工具选择	工具选择错误一个扣1分	5				
	材料选择	材料选择错误一个扣1分	5				
	操作步骤	操作步骤错误一步扣2分	20				
实操	瓷砖表面平整度	误差≤3 mm	10				
	瓷砖表面垂直度	误差≤2 mm	10				
	瓷砖表面阴阳度	误差≤3 mm	10				
	瓷砖表面接缝高低差	误差≤0. 5 mm	10				
	瓷砖表面接缝直线度	误差≤2 mm	10				
	瓷砖表面接缝宽度	误差≤1 mm	10				
	瓷砖粘贴	必须牢固，不允许空鼓	10				
总配分			100分				

素养点评价表

<table>
<tr><th rowspan="3">序号</th><th rowspan="3">评价内容</th><th rowspan="3">评价标准</th><th rowspan="3">配分</th><th colspan="4">评价方式</th></tr>
<tr><th>客观评价</th><th colspan="3">主观评价</th></tr>
<tr><th>系统</th><th>师评（50%）</th><th>互评（30%）</th><th>自评（20%）</th></tr>
<tr><td>1</td><td rowspan="4">学习纪律</td><td>考勤，无迟到、早退、旷课行为</td><td>10</td><td></td><td></td><td></td><td></td></tr>
<tr><td>2</td><td>课上积极参与互动</td><td>10</td><td></td><td></td><td></td><td></td></tr>
<tr><td>3</td><td>尊重师长，服从任务安排</td><td>10</td><td></td><td></td><td></td><td></td></tr>
<tr><td>4</td><td>充分做好实训准备工作</td><td>10</td><td></td><td></td><td></td><td></td></tr>
<tr><td>5</td><td rowspan="3">卫生与环保意识</td><td>节约使用施工材料，无浪费现象</td><td>10</td><td></td><td></td><td></td><td></td></tr>
<tr><td>6</td><td>操作时，工具和材料按要求摆放，操作台面整洁</td><td>10</td><td></td><td></td><td></td><td></td></tr>
<tr><td>7</td><td>实训后，自觉整理台面、工具和材料</td><td>10</td><td></td><td></td><td></td><td></td></tr>
<tr><td>8</td><td rowspan="2">规范意识</td><td>严格遵守实训操作规范，无违规操作</td><td>10</td><td></td><td></td><td></td><td></td></tr>
<tr><td>9</td><td>在规定时间内完成任务</td><td>10</td><td></td><td></td><td></td><td></td></tr>
<tr><td>10</td><td>团队意识</td><td>有团队协作意识，积极、主动与人合作</td><td>10</td><td></td><td></td><td></td><td></td></tr>
<tr><td colspan="2">否决项</td><td>违反实训室守则，在实训室内嬉戏打闹、损坏实训室设备等影响恶劣行为者，该任务职业素养记为零分</td><td>0</td><td></td><td></td><td></td><td></td></tr>
<tr><td colspan="3">总配分</td><td colspan="5">100 分</td></tr>
</table>

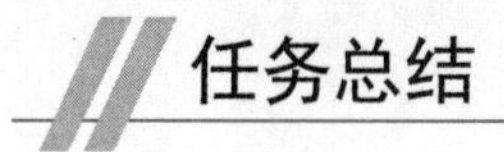

任务总结

瓷砖铺贴质量标准

1）陶瓷地砖的排列应符合设计要求，门口处宜采用整块地砖。非整块地砖的宽度不宜小于整块地砖的1/3。检验方法：观察、尺量检查。

2）陶瓷地砖材料的品种、规格、图案颜色和性能应符合设计要求。检验方法：观察、检查。

3）陶瓷地砖地板面层与基层应结合牢固、无空鼓。检验方法：观察、用小锤轻击。

4）陶瓷地砖表面应平整、洁净、色泽基本一致，无裂纹、划痕、磨角、缺棱等现象。检查方法：观察、尺量、用小锤轻击检查。

5）陶瓷地板的边角应整齐、接缝应平直、光滑、均匀，纵横交接处应无明显错台、错位，填嵌应连续、密实。检查方法：观察、尺量、用小锤轻击检查。

6）陶瓷地砖地面层的排水坡度应符合设计要求，不出现倒坡、积水的问题；与地漏（管道）结合处应严密牢固，无渗漏。检查方法：观察、尺量、用小锤轻击检查。

7）块材地板的允许偏差和检验方法如表2-2所示。

表2-2　块材地板的允许偏差和检查方法

项次	项目	允许偏差/mm			检查方法
		石材块材	陶瓷块材	塑料块材	
1	表面平整度	1.0	2.0	2.0	2 m靠尺、塞尺检查
2	缝格平直	2.0	3.0	1.0	钢直尺或者拉5 m线；不足5 m拉通线，钢直尺检查
3	板块间隙宽度	1.0	2.0	—	钢直尺检查
4	板块之间接缝高低差	0.5	0.5	0.5	钢直尺和塞尺检查

任务五　石材铺贴

任务引入

老王夫妇想在自家新房一些部位铺贴一些石材，因而，设计师针对老王夫妇的需求制订了施工方案，并详细向老王夫妇介绍了该施工方案及最终效果。

室内墙面、地面铺贴石材在别墅、酒店等地方的装修中非常常见，铺贴是否平整、勾缝是否整齐、磨边技巧好坏等决定整体墙地面的效果和使用。

任务分析

一、石材简介

石材作为一种高档建筑装饰材料广泛应用于室内外装饰设计、幕墙装饰和公共设施建设。市场上常见的石材主要分为天然石材和人造石材两种。

天然石材按物理化学特性品质大体分为花岗岩、板岩、砂岩、石灰岩、火山岩等。人造石材按工序分为水磨石和合成石。水磨石是以水泥、混凝土等原料锻压而成；合成石是以天然石的碎石为原料，加上胶粘剂等经加压、抛光而成。后两者为人工制成，所以没有天然石材价值高。但是，随着科技的不断发展和进步，人造石的产品也不断日新月异，质量和美观已经不逊色天然石材。

二、石材的应用

由于使用天然饰面石材装饰的部位不同，所以选用的石材类型也不同。用于室外建筑物装饰时，需经受长期风吹、雨淋、日晒，花岗石因为不含有碳酸盐，吸水率小，抗风化能力强，最好选用各种类型的花岗石石材；用于厅堂地面装饰的饰面石材，要求其物理化学性能稳定，机械强度高，应首选花岗石石材；用于墙裙及家居卧室地面的装饰，机械强度稍差，可选用具有美丽图案的大理石 。

任务实施

一、任务准备

通过对石材铺贴项目的学习与了解，在施工现场进行施工项目实操训练。

1）分组练习：每 5 人为一个小组，按照施工方法与步骤认真进行技能实操训练。

2）组内讨论、组间对比：组员之间可就有关施工的方法、步骤和要求进行相互讨论与观摩，以提高实操练习的质量与效率。

二、材料及工具的准备

1. 材料的准备

1）天然大理石、花岗石的品种、规格应符合设计要求、技术等级、光泽度。主要材料外观、质量要求应符合国家标准《天然大理石建筑板材》(GB/T 19766—2016)、《天然花岗石建筑板材》(GB/T 18601—2009)的规定。大理石板材如图2-23(a)所示。

2）水泥：硅酸盐水泥、普通硅酸盐水泥或矿渣硅酸盐水泥，其强度等级不宜小于42.5级。白色硅酸盐水泥，其强度等级不小于42.5级。

3）砂：中砂或粗砂，其含泥量不应大于3%。

4）矿物颜料（擦缝用）：草酸、云石蜡，如图2-23（b）、图2-23（c）所示。

(a)

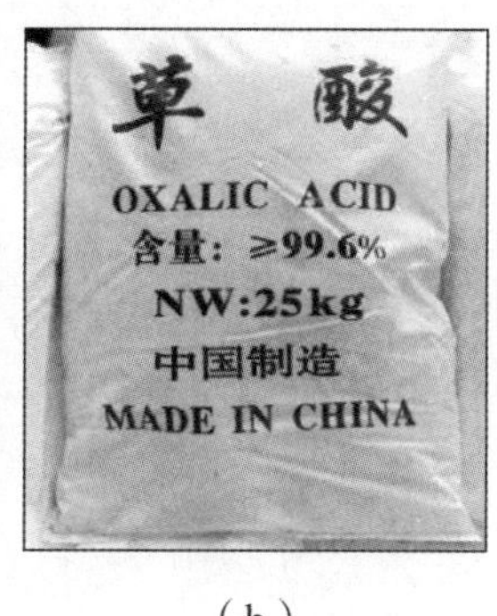

(b)

(c)

图2-23　铺贴用材料

(a) 大理石板材；(b) 草酸；(c) 云石蜡

2. 主要工具的准备

石材铺贴主要工具有手推车、铁锹、靠尺、浆壶、水桶、喷壶、铁抹子、木抹子、墨斗、钢卷尺、尼龙线、橡皮锤（或木槌）、铁水平尺、弯角方尺、钢錾子、合金钢扁錾子、台钻、合金钢钻头、扫帚、砂轮锯、磨石机、钢丝刷等，部分工具如图2-24所示。

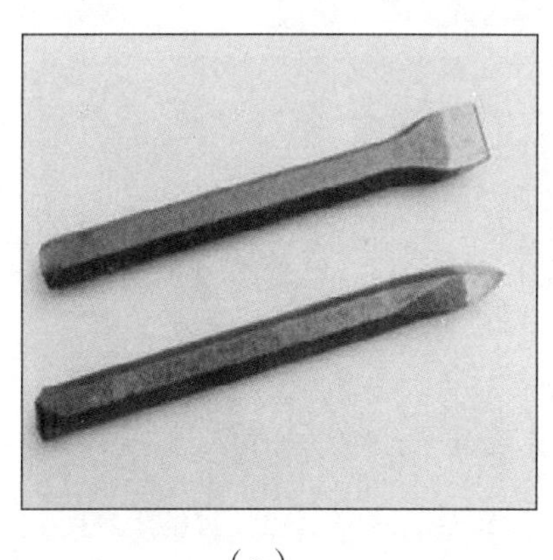
(a)

(b)

(c)

图2-24　铺贴用工具

(a) 钢錾子；(b) 砂轮锯；(c) 磨石机

三、石材铺贴施工

大理石地面施工工艺流程：准备工作→试拼→弹线→试排→刷素水泥浆及铺砂浆结合层

→铺砌大理石（或花岗石）板块→灌缝、擦缝→打蜡。

1. 准备工作

1）在进行大理石地面施工前，应根据施工大样图和加工单等资料，熟悉各部位的尺寸和做法，并弄清洞口、边角等部位之间的关系。

2）基层处理：首先需要清理地面垫层上的杂物，其次用钢丝刷刷掉粘结在垫层上的砂浆，最后清扫干净。

2. 试拼

在正式铺设前，应对每一个房间的大理石（或花岗石）板块进行试拼。按照图案、颜色和纹理的要求，将非整块板对称地放置在房间靠墙的部位，然后对两个方向编号并排列整齐，最终按编号放好，如图 2-25 所示。

3. 弹线

为了检查和控制大理石（或花岗石）板块的位置，在房间内拉出十字控制线并弹在混凝土垫层上。接着，引至墙面底部，再根据墙面+50 cm 标高线找出面层标高，在墙上弹出水平标高线。在弹水平线时，需要注意室内与楼道面层标高一致。

4. 试排

首先在房间内的两个相互垂直的方向铺两条干砂。干砂的宽度应大于板块的宽度，厚度不应小于 3 cm。接着，结合施工大样图和房间的实际尺寸，将大理石（或花岗石）板块按照要求排列好，如图 2-26 所示，以便检查板块之间的缝隙，并核对板块与墙面、柱、洞口等部位的相对位置。

图 2-25　试拼石材

图 2-26　试排石材

5. 刷素水泥浆及铺砂浆结合层

试铺后将干砂和板块移开，清扫干净。用喷壶洒水湿润大理石（或花岗石）板块，然后刷上一层素水泥浆（水胶比为 0.4~0.5）。面积不要刷得过大，应边铺砂浆边刷。根据板面水平线确定结合层砂浆的厚度，拉出十字控制线，开始铺结合层的干硬性水泥砂浆。一般采用 1：3~1：2 的干硬性水泥砂浆。干硬程度以“手抓成团，落地即散”为宜。干硬性水泥砂浆的摊铺长度应在 1 m 以上，宽度要超出平板宽度 20~30 mm，摊铺厚度为 10~15 mm。控制厚度时，应该高出面层水平线 3~4 mm。铺好后使用大杠刮平，再用抹子拍实、找平（摊铺面积不得过大），如图 2-27、图 2-28 所示。

图 2-27　刷素水泥浆一道

图 2-28　摊铺砂浆

6. 铺大理石（或花岗石）板块

在铺砌大理石板块之前，应先用水将其浸湿。待表面擦干或晾干后，方可进行铺设。

◇小提示

这是保证面层与结合层粘结牢固，防止空鼓、起壳等质量通病的重要措施。

根据房间内拉出的十字控制线，在横向和纵向各铺一行，用于大面积铺砌标筋。根据试拼时的编号、图案以及试排时缝隙的大小（即板块之间的缝隙宽度，当设计无规定时不应大于 1 mm），在十字控制线的交点开始铺砌，如图 2-29 所示。

（a）

（b）

图 2-29　拉十字控制通线

（a）斜铺时拉线；（b）平铺时拉线

首先，进行试铺，即将大理石板块搬起来，对好纵横控制线，然后将其铺在已铺好的干硬性水泥砂浆结合层上。接着，使用橡皮锤敲击木垫板，如图 2-30 所示，振实砂浆至铺设高度后，将板块掀起移至一旁。此时，需要检查砂浆表面与板块之间是否吻合、是否平整密实。

如果发现有空虚之处，应用砂浆填补，如图 2-31 所示。完成上述步骤之后，才能正式镶铺大理石板块。

图 2-30　敲击木垫板

图 2-31　试铺后补砂浆

7. 灌缝、擦缝

大理石施工（传统工艺）

在铺砌大理石板块后，应在 1~2 天内进行灌缝和擦缝。根据大理石（或花岗石）的颜色选择相同颜色的矿物颜料和水泥（或白水泥）拌和均匀，调成 1∶1 稀水泥浆，如图 2-32 所示，用浆壶徐徐灌入板块之间的缝隙中（可以分几次进行），并用长把刮板将流出的水泥浆刮向缝隙内，直到基本灌满为止。

完成以上工序后，需要覆盖面层，并进行养护，时间不少于 7 天，这样可以保证大理石表面的质量和美观度。

8. 打蜡

在水泥砂浆结合层达到强度（抗压强度达到 1.2 MPa）要求后，才可以进行打蜡抛光，如图 2-33 所示。

图 2-32　调配灌缝的水泥浆

图 2-33　打蜡抛光

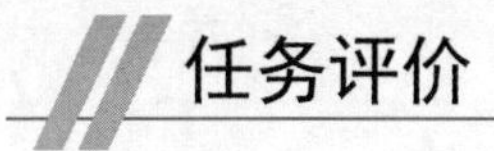

任务评价

知识点评价表

序号	评价内容	评价标准	配分	评价方式			
				客观评价	主观评价		
				系统	师评（50%）	互评（30%）	自评（20%）
1	预习测验	能够知道石材铺贴的目的	10				
2		能简述石材铺贴的施工流程	10				
3		能说出石材铺贴的施工要求	10				
4	课堂问答	能正确分析施工图纸图形	10				
5		能正确说出石材铺贴材料的规格和型号	10				
6		能正确说出石材铺贴的施工操作流程与标准	10				
7		能简述石材铺贴施工的质量标准	10				
8		能识别石材铺贴的质量通病与防治措施	10				
9	课后作业	能对石材铺贴的工艺流程以及操作要点进行总结	20				
总配分			100 分				

技能点评价表

序号	评价内容	评价标准	配分	评价方式			
				客观评价	主观评价		
				系统	师评（50%）	互评（30%）	自评（20%）
仿真	工具选择	工具选择错误一个扣 1 分	5				
	材料选择	材料选择错误一个扣 1 分	5				
	操作步骤	操作步骤错误一步扣 2 分	20				

续表

序号	评价内容	评价标准	配分	评价方式			
				客观评价	主观评价		
				系统	师评（50%）	互评（30%）	自评（20%）
实操	石材表面平整度	偏差≤3 mm	10				
	石材表面垂直度	偏差≤2 mm	10				
	石材表面阴阳度	偏差≤3 mm	10				
	石材表面接缝高低差	偏差≤0.5 mm	10				
	石材表面接缝直线度	偏差≤2 mm	10				
	石材表面接缝宽度	偏差≤1 mm	10				
	石材粘贴	必须牢固，不允许空鼓	10				
总配分			100 分				

素养点评价表

序号	评价内容	评价标准	配分	评价方式			
				客观评价	主观评价		
				系统	师评（50%）	互评（30%）	自评（20%）
1	学习纪律	考勤，无迟到、早退、旷课行为	10				
2		课上积极参与互动	10				
3		尊重师长，服从任务安排	10				
4		充分做好实训准备工作	10				

续表

序号	评价内容	评价标准	配分	评价方式			
				客观评价	主观评价		
				系统	师评（50%）	互评（30%）	自评（20%）
5	卫生与环保意识	节约使用施工材料，无浪费现象	10				
6		操作时，工具和材料按要求摆放，操作台面整洁	10				
7		实训后，自觉整理台面、工具和材料	10				
8	规范意识	严格遵守实训操作规范，无违规操作	10				
9		在规定时间内完成任务	10				
10	团队意识	有团队协作意识，积极、主动与人合作	10				
否决项		违反实训室守则，在实训室内嬉戏打闹、损坏实训室设备等影响恶劣行为者，该任务职业素养记为零分	0				
总配分			100 分				

任务总结

石材铺贴质量标准

1）石材块材的排列应符合设计要求，门口处宜采用整块石材。非整块石材的宽度不宜小于整块石材的 1/3。检验方法：观察、尺量检查。

2）石材块材铺贴位置、整体布局、排布形式和拼花图案应符合设计要求。检验方法：观察、检查。

3）石材块材地板面层与基层应结合牢固、无空鼓。检验方法：观察、用小锤轻击。

4）石材块材表面应平整、洁净、色泽基本一致，无裂纹、划痕、磨角、缺棱等现象。检查方法：观察、尺量、用小锤轻击检查。

5）石材块材的边角应整齐，接缝应平直、光滑、均匀，纵横交接处应无明显错台、错位，填嵌应连续、密实。检查方法：观察、尺量、用小锤轻击检查。

6）石材块材与墙面或地面突出物周围套割应吻合，边缘应整齐。地砖地板与踢脚交接应紧密，缝隙应顺直。检查方法：观察、尺量、用小锤轻击检查。

7）石材块材地板表面应无泛碱等污染现象。检查方法：观察、尺量、用小锤轻击检查。

案例讨论

某施工项目乃是一项规模颇大的室外广场停车位地面水泥砂浆抹灰工程，其覆盖面积达10 258 平方米之广。施工的季节正值炎炎夏日，工程精心采购了某品牌的水泥，在施工之前，对于水泥以及其他各类相关材料均进行了极为严格且细致的检验，所有材料均完全符合工程质量的严格要求。

在施工过程中，施工单位一丝不苟地严格按照既定的工艺要求进行规范施工。然而，令人意想不到的是，施工完成之后，地面竟然出现了大量裂缝这种严重的质量问题。

经过深入调查发现，原来是在地面抹压完成之后，工人依照一般地面抹灰工程的通常施工要求，在 1 天后洒水养护并用草袋等覆盖。但是，此工程处于夏季的室外环境，气候不仅干燥，还时常伴有大风，水分的流失速度相比一般工程要快得多。由于覆盖、洒水养护的时间选择过晚，最终导致了裂缝的产生。

这一情况给我们带来了深刻的启示。在我们的工作与生活中，固然要严格遵守各项规章制度，因为这是保障工作质量和秩序的基础。然而，我们又不能陷入过于僵化和教条的思维模式，不能生搬硬套固定的模式和方法。我们应当学会因地制宜，充分考虑具体的环境、条件和实际情况，随时根据具体情况灵活地调整工作方案，以适应不断变化的客观现实。

就如同我国在脱贫攻坚的伟大征程中，不同的贫困地区面临着截然不同的情况。有些地方自然条件恶劣，有些地方产业基础薄弱，有些地方教育资源匮乏。但我们没有采取一刀切的方法，而是根据各地的实际情况，制定了精准的脱贫策略，因村施策、因户施策，最终取得了脱贫攻坚战的全面胜利。又如在疫情防控期间，各地根据自身的疫情形势和资源条件，制定了符合本地实际的防控措施，实现了科学防控、精准防控。只有这样，我们才能在复杂多变的环境中，顺利完成工作目标，创造出更大的价值。

项目三

木工工程施工

- 木工工程施工
  - 木工工程主辅材料选购
    - 石膏板的选购
    - 木龙骨的选购
    - 木地板的选购
  - 地面木作施工
    - 基层清理、测量弹线→安装木龙骨→铺钉毛地板→铺实木地板→安装踢脚板→刨平、磨光→涂刷油漆、打蜡→清理地面
  - 墙面木作施工
    - 基层清埋→基层弹线→墙面防潮处理及木作防火处理→木龙骨制作安装→面层饰面粘贴→装饰线条安装→涂饰面油漆
  - 木作吊顶施工
    - 吊顶类型
    - 吊顶的形式
    - 吊顶的设计要求
    - 安装吊顶的注意事项
    - 吊顶工程材料图
    - 吊顶工程质量通病的防治方法
    - 弹线→木龙骨处理→安装吊杆→安装主龙骨→安装次龙骨→管道与灯具的固定→吊顶面板的安装
  - 家具制作
    - 木板的分类
    - 家具和橱柜施工工艺
    - 木工工艺
    - 饰面板表面上底漆→定位、划线、切割→柜体框架拼装→贴五合板→榫槽及拼板施工→刷胶→柜门的安装与调试→内部零部件的安装与调试

项目目标

一、知识目标

1）记住木工工程主辅材料选购。

2）记住地面木作工程施工流程。

3）记住木作吊顶工程施工流程。

4）记住家具制作施工流程。

二、技能目标

能够熟练地进行木工工程的施工。

三、素养目标

养成认真负责、服务至上的工作精神。

任务一　木工工程主辅材料选购

任务引入

在进行装饰装修时，对使用的木材、石膏板、颗粒板等材料怎样进行选择也是老王夫妇较头疼的一件事，因此设计师根据不同部位的需求，给出了相对应的建议。

任务分析

人们对环保的要求越来越高，那么在材料选择上除了美观，更会要求环保，因此，相关的材料怎么进行选购也是必须要了解的。

任务实施

一、石膏板的选购

1. 石膏板的特点

石膏板（见图3-1）是以石膏粉为主混合成石膏浆，经加工定型后制成的板子。质轻、厚度薄，具有一定的隔热和防火等功能，是装修中常见的建筑材料。

石膏板的两面有护面贴纸，增加了一定的强度，且价格便宜，容易安装。一般在家装中用于顶棚吊顶，很少用于隔断。

图 3-1　石膏板

2. 选购原则

（1）选类型

市面上常见的石膏板有四种，分别为普通纸面石膏板、耐水纸面石膏板、耐火纸面石膏板和耐水耐火纸面石膏板。四种石膏板特点不同，使用的场景不同，装修时要根据需要选择适合的类型。

1）普通纸面石膏板（象牙白纸面）：适合在普通房间内使用，比如客厅、卧室、玄关等都可以，价格通常也是四种里最便宜的。

2）耐水纸面石膏板（浅绿色纸面）：这类石膏板耐水性能不错，适合用在卫生间和厨房一类的空间中。

3）耐火纸面石膏板（浅红色纸面）：这种石膏板的防火性更强一些，适合用在一些对消防等级和措施要求较高的场所或位置。

4）耐潮纸面石膏板（浅绿色纸面）：耐潮纸面石膏板能耐受潮湿的环境和抵挡一些水汽的侵蚀；耐潮纸面石膏板比耐水纸面石膏板低一个防潮等级。

建议：厨房和卫生间的吊顶如果要用石膏板来做，应选耐水纸面石膏板，而不是耐潮纸面石膏板。

（2）看纸皮

石膏板的强度很大程度上需要纸面的辅助，所以纸皮的质量很关键。挑选时，应注意查看纸皮，好的纸皮为原木浆制造，纸皮很轻、很薄，但强度很高，表面是光滑的，颜色均匀、干净，韧性也比较好，而且粘得很牢固，轻易扯不掉。差的纸皮是再生原胶生产，纸质比较厚且重，但强度不好，皮面质感粗糙，而且用手撕扯容易被撕下来，黏性不好。

（3）看基底

好的石膏板内部基底材料比较白净，表明其纯度好，环保安全。

不好的石膏板内部基底颜色发黄或发灰，表明原料不纯，里面可能含有杂质和有害成分，环保上也堪忧。

(4) 看重量

相同规格下，重量越轻的石膏板纯度越高，因为内部用了纤维材质加固，质量也就越好。

反之，比较重的石膏板可能添加了其他杂质，内部还会有很多气泡，因此会比较沉。

(5) 闻气味

纯正的石膏是环保的，还能用于食品加工生产，用鼻子去闻，不会有异味。

劣质的石膏板因为石膏原料不纯，内部可能还添加了其他化学成分，所以这样的石膏板通常会有些刺鼻的气味。

(6) 听声音

挑选时，还可以尝试敲击石膏板来听声音：好的石膏板敲击时发出的声音较为清脆，不会发闷。

差的石膏板敲击时声音发闷，不如好的那样清脆。

二、木龙骨的选购

1. 木龙骨的特点

木龙骨（见图3-2）一般指方木，承重结构用材的一种。承重结构用材分为原木、锯材和胶合木。锯材又分为方木、板材、规格材。方木指的是直角锯切且宽厚比小于3的截面为矩形（包括方形）的锯材。

图3-2 木龙骨

2. 选购原则

木龙骨的应用比较广泛，由于龙骨对吊顶、实木地板的质量影响较大，因此选购时需要选择质优产品。那么怎么选择呢?

(1) 仔细挑

购买木龙骨时会发现商家一般是成捆销售，这时一定要把捆打开一根根挑选。

(2) 查外观

选购木龙骨时，选择节疤少，无虫眼的，如果木节疤大且多，螺钉、钉子在木节疤处会拧不进去或者钉断方木，容易导致结构不牢固。

(3) 看切面

看所选木龙骨横切面的规格是否符合要求，头尾是否光滑均匀，不能大小不一。同时，木龙骨必须平直，不平直的木龙骨容易引起结构变形。

(4) 查含水率

一定要检查木龙骨的含水率，一般不能超过当地平均含水率，在选购的时候可以通过咨询店员得知。在南方地区，木龙骨含水率也不能太低，在14%左右为好。

三、木地板的选购

1. 木地板的特点

木地板（见图3-3）主要有五类：实木地板、实木复合地板、强化复合地板、软木地板以及竹木地板。其中，实木地板、实木复合地板、强化复合地板是目前室内装饰市场上比较常用的三种。

实木地板又称原木地板，是用天然木材直接加工而成的地面装饰材料。实木地板就像一块纯巧克力，内部与外部是一体的。

实木复合地板分为三层和多层，它就像是一块巧克力威化，由表面的一层实木面板以及多层基材板混合胶水压制而成，胶水的好坏直接影响木地板的环保性。

强化复合地板一般由耐磨层、装饰层、密度板等加胶水制造而成。在北方有地暖的房间内，尽量不要选择强化复合地板，可以选择实木复合地板。

图3-3　木地板

2. 选购原则

（1）看外观

主要看木地板的纹路是否清晰，是否自然。实木地板自然无需多言，对于强化复合地板，不要选择几何图形非常规律，看起来一模一样的地板。

（2）看漆膜

主要是实木地板和实木复合地板，看地板表面的漆膜。一是看漆膜是否均匀柔和，表面是否有鼓泡、漏漆以及孔眼的情况；二是手触摸漆膜，感受它的表面触感是否舒适。

（3）看规格

木材的尺寸越小，越不容易变形，稳定性越高，所以要尽量选择规格小的木地板。

（4）看耐污性

有一个非常简单的方法可以测试木地板的耐污性。用水性笔在木地板上画几下，好的地板简单擦拭后就没有了痕迹，不好的地板污渍则非常明显。

（5）看耐磨性

实木地板和实木复合地板的耐磨性取决于它表面的油漆，而强化复合地板由于表面本身就是耐磨层，所以它的耐磨性比实木地板和实木复合地板都要好，它的耐磨性主要是看它的耐磨转数。

（6）看性价比

实木地板偏贵，它在地板界享有尊贵的地位；实木复合地板的性价比是比较高的，既保留了实木的特点，又增加了稳定性；强化复合地板是性价比最高的，安装简单，易于保养。

任务评价

知识点评价表

序号	评价内容	评价标准	配分	评价方式			
				客观评价	主观评价		
				系统	师评（50%）	互评（30%）	自评（20%）
1	预习测验	能够知道石膏板选购时应注意哪些方面	10				
2		能够知道木龙骨选购时应注意哪些方面	10				
3		能够知道木地板选购时应注意哪些方面	10				
4	课堂问答	能简述石膏板的选购原则	10				
5		能简述木龙骨的选购原则	10				
6		能正确说出木龙骨的作用	10				
7		能简述木地板的主要品种	10				
8		能简述木地板的选购原则	10				
9	课后作业	能应用所学知识对木工工程材料进行选购	20				
总配分			100 分				

素养点评价表

序号	评价内容	评价标准	配分	评价方式			
				客观评价	主观评价		
				系统	师评（50%）	互评（30%）	自评（20%）
1	学习纪律	考勤，无迟到、早退、旷课行为	20				
2		课上积极参与互动	20				
3		尊重师长，服从任务安排	20				
4	团队意识	有团队协作意识，积极、主动与人合作	20				
5	创新意识	能够根据现有知识举一反三	20				
否决项		违反教室守则，在教室内嬉戏打闹、损坏教室设备等影响恶劣行为者，该任务职业素养记为零分	0				
总配分			100分				

任务总结

一、石膏板主要种类

我国生产的石膏板主要有纸面石膏板、无纸面石膏板、装饰石膏板、石膏空心条板、纤维石膏板、植物秸秆纸面石膏板、石膏吸声板、定位点石膏板等。

1）纸面石膏板。纸面石膏板是以石膏料浆为夹芯，两面用纸作护面而成的一种轻质板材。纸面石膏板质地轻、强度高、防火、防蛀、易于加工。普通纸面石膏板用于内墙、隔墙和吊顶。经过防火处理的耐水纸面石膏板可用于湿度较大的房间墙面，如卫生间、厨房、浴室等贴瓷砖，金属板、塑料面砖墙的衬板。

2）无纸面石膏板。就是一种性能优越的代木板材，以建筑石膏粉为主要原料，以各种纤维为增强材料的一种新型建筑板材，是继纸面石膏板取得广泛应用后，又一次开发成功的新产品。由于外表省去了护面纸板，因此，应用范围除了覆盖纸面石膏板的全部应用范围外，还有所扩大，其综合性能优于纸面石膏板。

3）装饰石膏板。装饰石膏板是以建筑石膏为主要原料，掺加少量纤维材料等制成的有多种图案、花饰的板材，如石膏印花板、穿孔吊顶板、石膏浮雕吊顶板、纸面石膏饰面装饰板等。它是一种新型的室内装饰材料，适用于中高档装饰，具有轻质、防火、防潮、易加工、安装简单等特点。特别是新型树脂仿型饰面防水石膏板的板面覆以树脂、饰面仿型花纹，其色调、图案逼真，新颖大方，板材强度高，耐污染，易清洗，可用于装饰墙面，做护墙板及踢脚等，是代替天然石材和水磨石的理想材料。

4）石膏空心条板。石膏空心条板是以建筑石膏为主要原料，掺加适量轻质填充料或纤维材料后加工而成的一种空心板材。这种板材不用纸和粘结剂，安装时不用龙骨，是发展比较快的一种轻质板材，主要用于内墙和隔墙。

5）纤维石膏板。纤维石膏板是以建筑石膏为主要原料，并掺加适量纤维增强材料制成的板材。这种板材的抗弯强度高于纸面石膏板，可用于内墙和隔墙，也可代替木材制作家具。

6）植物秸秆纸面石膏板。不同于普通的纸面石膏板，它因采用大量的植物秸秆，使当地的废物得到了充分利用，既解决了环保问题，又增加了农民的经济收入，又使石膏板的重量减轻，降低了运输成本，同时减少30%～45%的煤、电消耗，完全符合国家相关的产业政策。

二、木地板的选择

1）实木地板可简单地分为浅色材质和深色材质。浅色材质的色彩均匀、风格明快，能充分烘托家庭温馨气氛。深色材质的色差大、年轮变化明显，具有膨胀系数较小、防水、防虫的特性，其中比较珍贵、稀少的有香脂木豆、柚木、绿柄桑、非洲缅茄等；稳定性较好的有重蚁木（伊贝）、孪叶苏木、萨佩莱木、塔利木、铁苏木、印茄木、双柱苏木等；木材纹理清晰的有玉蕊木等；色差较大的有重蚁木（伊贝）、香二翅豆等；价廉物美、市场旺销的有甘巴豆等。

2）选颜色：优质的实木地板应有自然的色调，清晰的木纹。如果地板表面颜色深重，漆层较厚，则可能是为掩饰地板表面缺陷而有意为之，当地板为六面封漆时尤需注意。同时，由于地板块在其母体——树木中所处的位置不同，有边材、心材、木表、木里、阴面、阳面的差异，且板材的切割方式有弦切、径切的分别，故色差必然存在。正是色差、天然的纹理、富有变化的肌理结构，彰显了实木地板的自然风采。而国际上的家居装饰流行色差巨大、长短不齐、材种多样的风格。随着我国消费者环境意识的增强，以后必然趋向于这种装饰风格。

3）选尺寸大小：从木材的稳定性来讲，地板的尺寸越小，抗变形能力越强。市场上流行宽板，宽板较窄板更为美观、大方、纹理舒张、花纹完整，但合格的宽板须经过严格的材种挑选和质量验收。

4）选含水率：由于全国各城市所处地理位置不同，所需木材的含水率各不相同。购买时可向专业销售人员咨询，以便购买到含水率与当地平衡含水率相均衡的地板。

5）选加工精度：用几块地板在平地上拼装，用手摸、眼看其加工质量精度、光洁度，是否平整、光滑，榫槽配合、安装缝隙、抗变性槽等拼装是否严丝合缝。好地板应该做工精密、尺寸准确、角边平整、无高低落差。

6）选木材质量：实木地板采用天然木材加工而成，其表面有活节、色差等现象均属正常。同时，这也正是实木地板不同于复合地板的自然之处，故不必太过苛求。如表面有虫眼、开裂、腐朽、蓝变、死节等缺陷，在施工时可根据铺设需要，或截短，或锯成两半，取其可用而去其缺陷。

7）选油漆质量：不论亮光或哑光漆地板，挑选时均应观察表面漆膜是否均匀、丰满、光洁，有无漏漆、鼓泡、孔眼。油漆分 UV、PU 两种。可向销售人员询问地板的油漆类型。一般来说，含油脂较高的地板如柚木、重蚁木（伊贝）、紫心苏木等需要用 PU 漆，用 UV 漆会出现脱漆起壳现象。PU 漆漆面色彩真实、纹理清晰，如有破损易于修复。PU 漆由于干燥时间长，所需加工期也长。此外，PU 漆地板的价格会比 UV 漆地板的价格稍高一点。

任务二　地面木作施工

任务引入

老王夫妇想征询设计师对于地面木作施工的建议，设计师随即向老王夫妇介绍了各种地板的特点及安装方法，并对老王夫妇提出了合理化建议。

木地板地面的施工主要包括：查看实训现场情况，了解施工环境；确定施工方案，以确保施工顺利进行。在施工过程中还需要进行质量检测，及时发现和解决问题；另外，必须注意施工安全，采取必要的措施保障工人和周围人员的安全。

任务分析

木地板面层有很多种类，包括实木地板面层、实木集成地板面层、竹地板面层、实木复合地板面层、浸渍纸层压木质地板面层、软木类地板面层以及地面辐射供暖的木板面层等（包括免刨、免漆类）。

不同类型的木地板面层的施工方法也不同。实木复合地板面层一般采用浮铺式铺设，而实木地板、实木集成地板和竹地板面层则可以采用实铺或空铺式铺设。实铺式木地板是通过在钢筋混凝土板或垫层上铺设木搁栅来实现的，它由木搁栅和企口板等组成；空铺式木地板则是通过铺设木搁栅、企口板和剪刀撑等材料来实现的，通常安装在首层房间内。当木搁栅跨度较大时，应在房中间加设地垄墙，地垄墙顶上要铺油毡或抹防水砂浆并放置沿缘木。

任务实施

一、任务准备

通过对地面木作施工项目的学习与了解，在施工现场进行施工项目实操训练。

1）分组练习：每 5 人为一个小组，按照施工方法与步骤认真进行技能实操训练。

2）组内讨论、组间对比：组员之间可就有关施工的方法、步骤和要求进行相互讨论与观摩，以提高实操练习的质量与效率。

二、材料和主要机具的准备

1. 材料的准备

（1）长条木地板

应选用红松、云杉等不易腐朽、开裂的木材制作。每块地板宽度不超过 120 mm，厚度应符合设计要求，侧面带企口，顶面应刨平，如图 3-4 所示。在购买时应注意检查是否有商品检验合格证。

（2）双层板下的毛地板、木板面下的木搁栅和垫木

木搁栅和垫木（见图 3-5）均需要进行防腐处理，其规格尺寸应符合设计要求。进场时应对这些材料的断面尺寸、含水率等主要技术指标进行抽检。抽检数量应符合国家现行有关标准的规定。

图 3-4　长条木地板

图 3-5　木搁栅和垫木

（3）硬木踢脚

加工尺寸应按照设计要求进行，含水率不应超过 12%。在背面应涂满防腐剂，花纹和颜

色应与面层地板相同，如图 3-6 所示。

图 3-6　硬木踢脚

（4）砖和石料

砖的强度等级不能低于 MU7.5。在使用石料时，应避免使用风化石，并且不得使用后期强度不稳定或受潮后会降低强度的人造块材。

（5）其他材料

木楔、防潮纸、氟化钠或其他防腐材料、8~10 号镀锌钢丝、5~10 cm 的钉子、扒钉、镀锌木螺钉、1 mm 厚的钢垫以及隔声材料等，如图 3-7 所示。这些材料的使用应符合相关标准和要求。

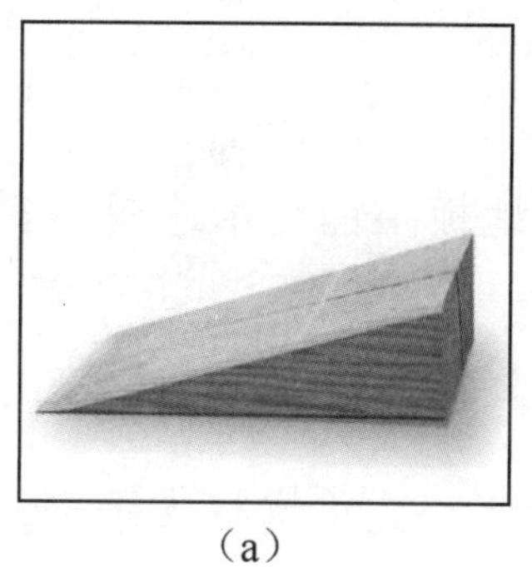

（a）

（b）

（c）

图 3-7　其他材料

（a）木楔；（b）防潮纸；（c）镀锌铁丝

2. 主要机具的准备

地面木作施工主要机具包括斧子、锤子、冲子、凿子、方尺、钢尺、割角尺、墨斗、小电锯、小电刨、手枪钻、刨地板机、磨地板机、手锯、手刨、单线刨、磨刀石等，部分机具如图 3-8 所示。

（a）　（b）　（c）　（d）　（e）

图 3-8　机具的准备

（a）小电锯；（b）小电刨；（c）手枪钻；（d）刨地板机；（e）磨地板机

三、施工操作

施工流程：基层清理、测量弹线→安装木龙骨→铺钉毛地板→铺实木地板→安装踢脚→刨平、磨光→涂刷油漆、打蜡→清理地面。

1. 基层清理、测量弹线

在地面基层验收合格后，需要进行清理工作，确保地面平整、干燥且无杂物，如图 3-9 所示。此外，水泥表面的含水率不应超过 8%。

确认木龙骨需要调平的水平高度，并弹出龙骨高度水平线；确定木龙骨的铺设位置和间隔，拉线画出龙骨位置线和钉子位置。

图 3-9　基层清理、测量弹线

2. 安装木龙骨

铺设防腐、防水松木地板木搁栅时，需要按照以下步骤进行：

1）木搁栅的断面应呈梯形，宽面在下。

2）将木搁栅放平、放稳，并找好标高。

3）在架空的部分应用防水防腐木垫块垫实，确保垫块与木搁栅钉牢。

4）将地板木搁栅用两根 10 号镀锌钢丝与钢筋鼻子绑牢。

5）在木搁栅之间可以加钉防腐、防火松木横撑。

6）地板木搁栅及横撑的含水率不应大于 18%。

7）木搁栅顶面必须刨平、刨光，并每隔 1 000 mm 中距，凿通风槽一道。

8）在安装地板木搁栅后，需要进行找平检查以确保各条木搁栅的顶面标高符合设计要求。在铺设面层地板之前，需要先将地面清扫干净，并可以在木搁栅间放置活性炭和樟木片，以起到防虫、防潮的作用。安装木龙骨如图 3-10 所示。

图 3-10　安装木龙骨

◇小提示

木搁栅固定时，不得损坏基层和预埋管线。木搁栅应垫实钉牢，与柱、墙之间留出 20 mm 的缝隙，表面应平直，其间距不宜大于 300 mm。

3. 铺钉毛地板

安装木搁栅后，按照设计要求，可以按 30°或者 40°斜铺一层毛地板，如图 3-11 所示。毛地板需要进行防腐、防火处理，含水率应严格控制在 12%以内，并且木材髓心应向上。在铺设毛地板时，接缝应该落在木搁栅的中心线上，钉位相互错开。铺设完成后，需要修整，确保平整。

图 3-11　铺钉毛地板

4. 铺实木地板

1）弹线：根据具体设计，在毛地板上使用墨线弹出每块地板的安装位置，以确保铺设后的地面平整度和美观度。然后，根据设计的图案弹出每条或每行地板的施工定位线。弹线完毕后，将木地板进行试铺，试铺后编号并分别存放备用。

2）在开始铺装实木地板之前，需要将毛地板上的所有垃圾和杂物清理干净。然后，在毛地板上加铺一层防潮纸，以防止水分渗透到实木地板下面。

3）铺钉实木地板条：按照地板条的定位线和两顶端中心线，将地板条铺正、铺平、铺齐，如图 3-12 所示。

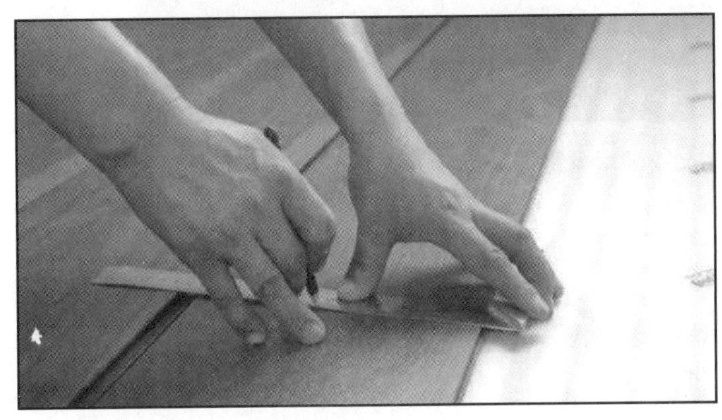

图 3-12　铺设地板

◇小提示

地板的排紧方法一般可在木搁栅上钉扒钉一只，并在扒钉与地板之间夹一对硬木楔。这样，通过打紧硬木楔就可以使地板排紧，保证其平整度和稳定性。

4）在实木地板装修质量经检查合格后，需要根据具体设计要求，在周边镶边空隙内进行镶边，如图 3-13 所示。

（a）

（b）

图 3-13　地板周边镶边

（a）地板与壁柜间的缝隙用 PVC 材料的扣条密封；（b）门下用地板扣条

◇小提示

在实木地板、实木集成地板和竹地板的面层铺设时，需要注意相邻板材接头位置应错开不小于 300 mm 的距离。此外，与柱、墙之间也应该留有 8～12 mm 的空隙，以确保地板的稳定性和平整度。

5. 安装踢脚

首先，踢脚应预先刨光，并在靠墙的一面开成凹槽并做防腐处理。其次，每隔 1 m 钻直径 6 mm 的通风孔，并在墙内每隔 750 mm 砌入防腐木砖。在防腐木砖外面钉防腐木块，再将踢脚用明钉钉牢在防腐木块上，钉帽砸扁冲入木板内。再次，为了避免缝隙的出现，应在踢脚与地板交角处钉上 1/4 圆木条。最后，需要注意木踢脚阴阳角交角处应切割成 45°角再进行拼装，踢脚接头应固定在防腐木块上，如图 3-14 所示。这些措施可以保证实木踢脚的质量和稳定性。

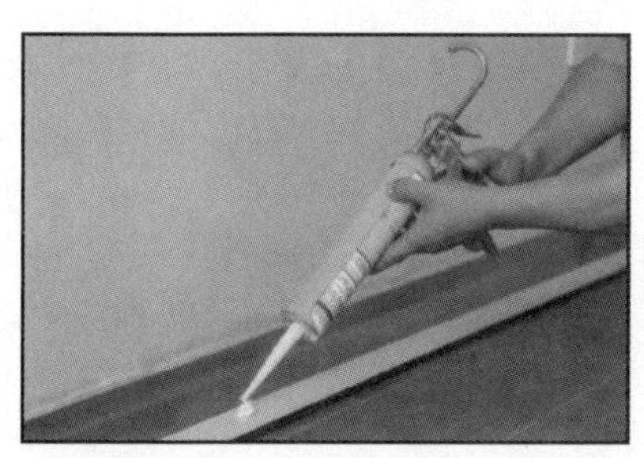

图 3-14　安装踢脚

6. 刨平、磨光

在地面刨光时，需要使用刨光机。为了保证刨光质量，刨光机转速应控制在 5 000 r/min 以上。对于长条地板，应该顺着木纹进行刨光；对于拼花地板，应与木纹成 45°斜刨。

7. 涂刷油漆、打蜡

在房间内所有装饰工程完工后，可以进行涂刷油漆或打蜡等处理，如图 3-15 所示。打蜡可以使用地板蜡，以增加地板的光洁度，使木材固有的花纹和色泽最大限度地显示出来。

图 3-15 涂刷油漆、打蜡

实木地板铺贴

8. 清理地面

清理地面后，交付验收使用，或进行下道工序的施工。

木地板
（新材料工艺）

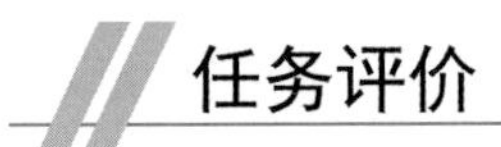

任务评价

知识点评价表

<table>
<tr><th rowspan="3">序号</th><th rowspan="3">评价内容</th><th rowspan="3">评价标准</th><th rowspan="3">配分</th><th colspan="4">评价方式</th></tr>
<tr><th>客观评价</th><th colspan="3">主观评价</th></tr>
<tr><th>系统</th><th>师评（50%）</th><th>互评（30%）</th><th>自评（20%）</th></tr>
<tr><td>1</td><td rowspan="3">预习测验</td><td>能够知道地面木作施工所需要的材料和工具</td><td>10</td><td></td><td></td><td></td><td></td></tr>
<tr><td>2</td><td>能简述地面木作施工的施工流程</td><td>10</td><td></td><td></td><td></td><td></td></tr>
<tr><td>3</td><td>能说出地面木作施工的施工要点</td><td>10</td><td></td><td></td><td></td><td></td></tr>
</table>

续表

序号	评价内容	评价标准	配分	评价方式			
				客观评价	主观评价		
				系统	师评（50%）	互评（30%）	自评（20%）
4	课堂问答	能识读地面木作施工构造图	10				
5		能正确说出地面木作施工的施工流程	10				
6		能正确说出地面木作施工的施工要点	10				
7		能够说出铺实木地板的流程及要点	10				
8		能说出安装踢脚的步骤	10				
9	课后作业	能对地面木作施工的工艺流程以及操作要点进行总结	20				
总配分			100 分				

技能点评价表

序号	评价内容	评价标准	配分	评价方式			
				客观评价	主观评价		
				系统	师评（50%）	互评（30%）	自评（20%）
仿真	工具选择	工具选择错误一个扣 1 分	10				
	材料选择	材料选择错误一个扣 1 分	10				
	操作步骤	操作步骤错误一步扣 2 分	20				

续表

序号	评价内容	评价标准	配分	评价方式			
				客观评价	主观评价		
				系统	师评（50%）	互评（30%）	自评（20%）
实操	板面缝隙宽度	硬木地板≤0.5 mm，用钢尺检查	10				
	表面平整度	硬木地板≤2.0 mm，用 2 m 靠尺和楔形塞尺检查	10				
	踢脚上口平齐	硬木地板≤3.0 mm，拉 5 m 线和用钢尺检查	10				
	板面拼缝平直	硬木地板≤3.0 mm，拉 5 m 线和用钢尺检查	10				
	相邻板材高差	硬木地板≤0.5 mm，用钢尺和楔形塞尺检查	10				
	踢脚与面层的接缝	硬木地板≤1.0 mm，楔形塞尺检查	10				
总配分				100 分			

素养点评价表

序号	评价内容	评价标准	配分	评价方式			
				客观评价	主观评价		
				系统	师评（50%）	互评（30%）	自评（20%）
1	学习纪律	考勤，无迟到、早退、旷课行为	10				
2		课上积极参与互动	10				
3		尊重师长，服从任务安排	10				
4		充分做好实训准备工作	10				

续表

序号	评价内容	评价标准	配分	评价方式			
				客观评价	主观评价		
				系统	师评（50%）	互评（30%）	自评（20%）
5	卫生与环保意识	节约使用施工材料，无浪费现象	10				
6		操作时，工具和材料按要求摆放，操作台面整洁	10				
7		实训后，自觉整理台面、工具和材料	10				
8	规范意识	严格遵守实训操作规范，无违规操作	10				
9		在规定时间内完成任务	10				
10	团队意识	有团队协作意识，积极、主动与人合作	10				
否决项		违反实训室守则，在实训室内嬉戏打闹、损坏实训室设备等影响恶劣行为者，该任务职业素养记为零分	0				
总配分			100 分				

任务总结

地面木作施工质量标准

1. 主控项目

1）木地板材料的品种、规格、图案颜色和性能应符合设计要求。检验方法：观察检查。

2）木搁栅、垫木和垫层地板等应做防腐、防蛀等处理。检验方法：观察检查和检查验收记录。

3）木搁栅安装应牢固、平直。检验方法：观察、钢直尺测量和检查验收记录。

4）地板面层应牢固，粘结应牢固，无空鼓现象。检验方法：观察、行走检查或用小锤轻击检查。

2. 一般项目

1）木地板表面应刨平、磨光，无明显刨痕和毛刺等现象，图案应清晰，颜色应均匀一致。检查方法：观察、手摸和行走检查。

2）木地板面层缝隙应严密；接头位置应错开，表面应平整洁净。检查方法：观察检查。

3）踢脚应表面光滑，接缝严密高度一致；接头位置应错开，表面应平整洁净。检验方法：观察和钢直尺测量。

4）木、竹地板面层的允许偏差和检验方法如表 3-1 所示。

图 3-1　木、竹地板面层的允许偏差和检验方法

项次	项目	允许偏差/mm			检查方法
		松木地板	硬木、竹地板	拼花地板	
1	板面缝隙宽度	1.0	0.5	0.2	用钢尺检查
2	表面平整度	3.0	2.0	2.0	用 2 m 靠尺和楔形塞尺检查
3	踢脚上口平齐	3.0	3.0	3.0	拉 5m 线和钢尺检查
4	板面拼缝平直	3.0	3.0	3.0	拉 5 m 线和钢尺检查
5	相邻板材高差	0.5	0.5	0.5	用钢尺和楔形塞尺检查
6	踢脚与面层的接缝	1.0	1.0	1.0	用楔形塞尺检查

任务三　墙面木作施工

任务引入

老王夫妇想征询设计师对于墙面木作施工的建议，设计师随即向老王夫妇介绍了各种墙面木作施工的特点及安装方法，并对老王夫妇提出了合理化建议。

墙面木作的施工主要包括：查看现场情况，了解施工环境；确定施工方案，以确保施工顺利进行。必须注意施工安全，并采取必要的措施保障工人和周围人员的安全。

任务分析

室内墙面装饰的木质护墙板又称装饰壁板，按其饰面方式，分为全高护墙板和局部墙裙；根据罩面材料特点，又分为实木装饰板、木胶合板、木质纤维板或其他人造木板等不同品种的木质板材护墙板。木质护墙板与木质装饰顶棚、木隔墙的构造做法基本相似，大都是以木质材料作骨架，铺装木质罩面板，但护墙板的罩面及骨架由实体墙为支承，除有填充要求或有隐蔽设备管线等特殊要求，其龙骨材料无需太大的断面尺寸，在实际工程中常以厚夹板（厚胶合板）于现场锯割成条取代木方龙骨作护墙板安装骨架。

任务实施

一、任务准备

通过对墙面木作施工项目的学习与了解，在施工现场进行施工项目实操训练。

1）分组练习：每 5 人为一个小组，按照施工方法与步骤认真进行技能实操训练。

2）组内讨论、组间对比：组员之间可就有关施工的方法、步骤和要求进行相互讨论与观摩，以提高实操练习的质量与效率。

二、材料和主要机具的准备

1. 材料的准备

（1）木龙骨架

也叫墙筋，一般是用杉木或红、白松木制作，木龙骨架间距 400~600 mm，具体间距还须根据面板规格而定，如图 3-16 所示。横向骨架与竖向骨架相同，骨架断面尺寸为（20~45）mm ×（40~50）mm，高度及横料长度按设计要求截断，并在大面刨平、刨光，保证厚度尺寸一致。

（2）面料

多用 3~5 层的胶合板，若做清漆饰面，应尽量挑选同树种、同纹理、同颜色的胶合板，如图 3-17 所示。

图 3-16 木龙骨架

图 3-17 胶合板

（3）装饰线与压条

用于墙裙上部装饰造型，有硬杂木条、白木条、水曲柳木条、核桃木线、柚木线、桐木线等，长度为2~5 m，其用途为墙裙压条、墙裙面板装饰线、顶角线、吊顶装饰线、踢脚、门窗套装饰线（在后面重点介绍门窗装饰套）等，如图3-18所示。

图3-18　装饰线与压条

（4）冷底子油和油毡

冷底子油和油毡主要用于防潮层，如图3-19所示。冷底子油是将沥青稀释溶解在煤油、轻柴油或汽油中制成，涂刷在水泥砂浆或混凝土基层面做打底用。冷底子油黏度小，具有良好的流动性，涂刷在混凝土、砂浆或木材等基面上，能很快渗入基层孔隙中，待溶剂挥发后，便与基面牢固结合。

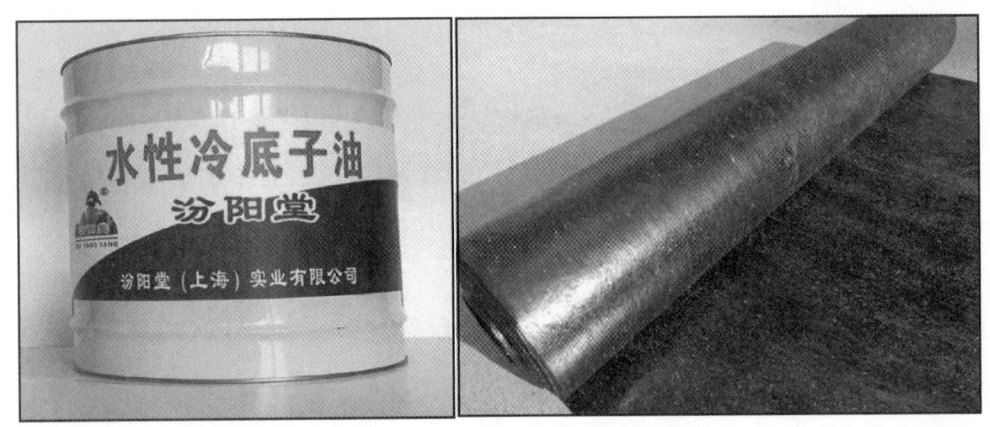

图3-19　冷底子油和油毡

（5）钉子

钉子主要用于钉木骨架和面板。

2. 机具的准备

墙面木作施工所需要的机具包括刨子、磨石、榔头、手锯、扁铲、方尺、粉线包、裁口刨等，部分机具如图3-20所示。

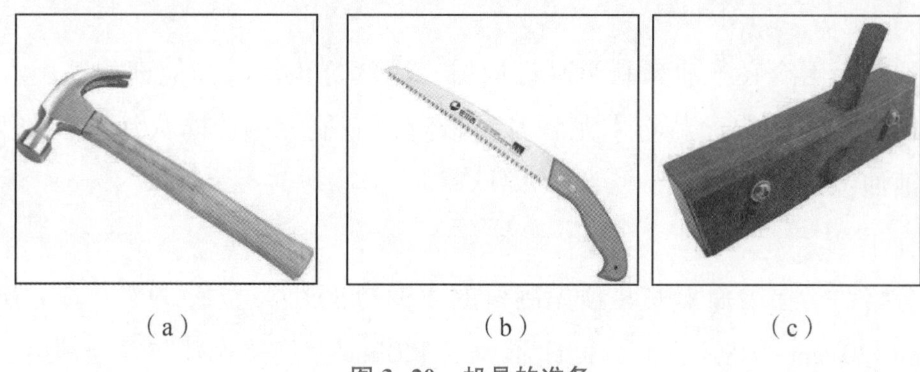

（a） （b） （c）

图 3-20 机具的准备

（a）榔头；（b）手锯；（c）裁口刨

三、施工操作

施工流程：基层清理→基层弹线→墙面防潮处理及木作防火处理→木龙骨制作安装→面层饰面粘贴→装饰线条安装→涂饰面油漆。

1. 基层清理

先将基层浮灰等进行清理，对于墙面平整度、垂直度不满足要求的进行修复，如图 3-21 所示。

图 3-21 基层处理

2. 基层弹线

根据图纸要求在清理完毕的基层上先弹好木制墙面的位置线，然后在木制墙面位置线中弹出饰面板分格线，如图 3-22 所示。

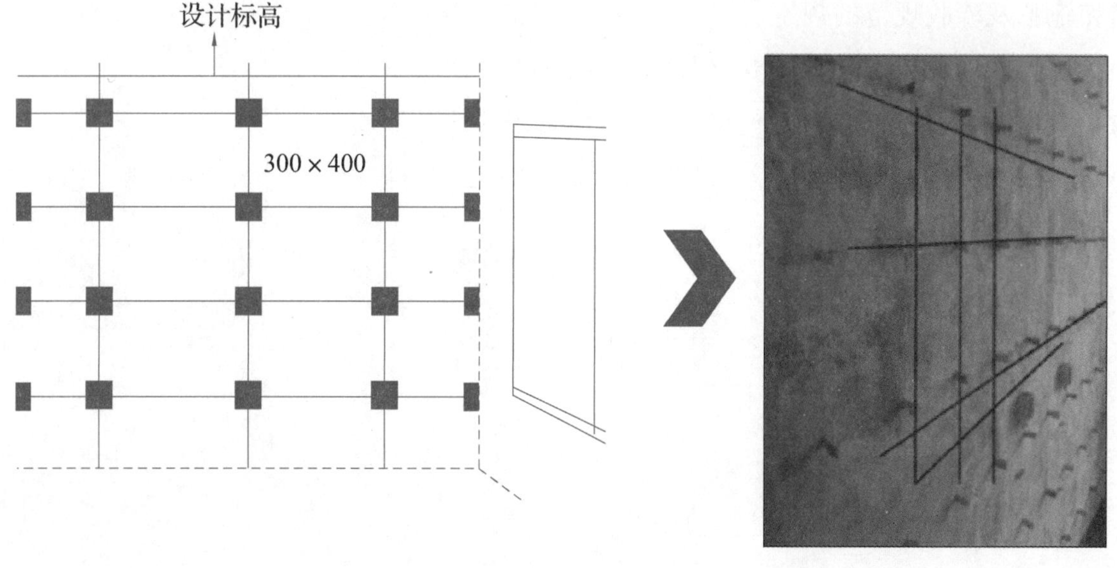

图 3-22 基层弹线

3. 墙面防潮处理及木作防火处理

在施工部位墙面用冷底子油满刷两遍且均匀，注意防止污染其他部位；用木楔子进行防腐处理并晾干待用；用防火涂料将木龙骨及夹板背面满刷三遍，防火涂料要刷均匀、到位，严禁漏刷；干铺油毡一层。

4. 木龙骨制作安装

根据饰面分格线，在墙面上安装预先制作的木龙骨网片，木龙骨网片采用开口连接，木龙骨选用30 mm×20 mm的松木龙骨，间距不大于400 mm，经防火及防腐处理后，用圆钉与墙内木楔固定。检查木龙骨平整度、垂直度、阴阳角方正度、有无松动现象。

5. 面层饰面粘贴

把颜色花纹经过挑选一致的面板背面满刷白乳胶，并用蚊钉枪把饰面板固定在基底板架上，同时用靠尺找平直，阴阳角方正，注意拼缝的顺直和高低差，45°对角的密缝，花纹的顺直，及时清理掉面板上多余的胶。

6. 装饰线条安装

将颜色一致的线条背面满刷白乳胶，固定到位。注意线条花纹的对接，45°对角及时进行维修，达到线条顺直、正确合理。

7. 涂饰面油漆

安装完毕的饰面板做好成品保护，根据设计要求涂饰面油漆。

五、施工检验

1）胶合板、木龙骨、木线条等材料的品种、材质等级、含水率和防腐措施，必须符合设计要求和施工及验收规范的规定。

2）细木制品与基层镶钉必须牢固，无松动。

3）木制作尺寸正确，表面平直光滑，棱角方正，线条顺直。

4）安装位置正确，割角整齐、交圈，接缝严密、平直、通顺、与墙面紧贴，出墙尺寸一致。

木工施工

任务评价

知识点评价表

序号	评价内容	评价标准	配分	评价方式			
				客观评价	主观评价		
				系统	师评（50%）	互评（30%）	自评（20%）
1	预习测验	能够知道墙面木作施工所需要的材料和工具	10				
2		能简述墙面木作施工的施工流程	10				
3		能说出墙面木作施工的施工要点	10				
4	课堂问答	能识读墙面木作施工构造图	10				
5		能正确说出墙面木作施工的施工流程	10				
6		能正确说出墙面木作施工的施工要点	10				
7		能够说出墙面防潮处理的重要性	10				
8		能说出墙面木作施工检验的标准	10				
9	课后作业	能对墙面木作施工的工艺流程以及操作要点进行总结	20				
总配分			100分				

技能点评价表

序号	评价内容	评价标准	配分	评价方式			
				客观评价	主观评价		
				系统	师评（50%）	互评（30%）	自评（20%）
仿真	工具选择	工具选择错误一个扣1分	10				
	材料选择	材料选择错误一个扣1分	10				
	操作步骤	操作步骤错误一步扣2分	20				
实操	细木制品与基层镶钉必须牢固	无松动	20				
	木龙骨制作	尺寸正确，表面平直、光滑，棱角方正，线条顺直	20				
	安装标准	位置正确，割角整齐、交圈，接缝严密、平直、通顺、与墙面紧贴，出墙尺寸一致	20				
总配分			100分				

素养点评价表

序号	评价内容	评价标准	配分	评价方式			
				客观评价	主观评价		
				系统	师评（50%）	互评（30%）	自评（20%）
1	学习纪律	考勤，无迟到、早退、旷课行为	10				
2		课上积极参与互动	10				
3		尊重师长，服从任务安排	10				
4		充分做好实训准备工作	10				

续表

序号	评价内容	评价标准	配分	评价方式			
				客观评价	主观评价		
				系统	师评（50%）	互评（30%）	自评（20%）
5	卫生与环保意识	节约使用施工材料，无浪费现象	10				
6		操作时，工具和材料按要求摆放，操作台面整洁	10				
7		实训后，自觉整理台面、工具和材料	10				
8	规范意识	严格遵守实训操作规范，无违规操作	10				
9		在规定时间内完成任务	10				
10	团队意识	有团队协作意识，积极、主动与人合作	10				
否决项		违反实训室守则，在实训室内嬉戏打闹、损坏实训室设备等影响恶劣行为者，该任务职业素养记为零分	0				
总配分			100分				

任务总结

墙面木作施工质量通病及预防措施

1）面层木纹错乱、色差大：主要是施工前未选料，施工前必须先进行选料，将木纹颜色一致的统一使用。

2）接缝不直、高低差较大：面板裁割时，板边未裁齐而且没有处理板边的毛刺，贴板时刷胶不匀、用力不均匀造成板面形成高低差。

3）角不严：割角划线不认真，操作不精细，应认真用角尺划线割角，保证角度正确、长度准确。

任务四　木作吊顶施工

任务引入

一般装修方案中涉及的天花吊顶有厨房、卫生间吊顶，客厅和各房间吊顶，主要以平面和跌级天花为主，配合室内整体设计风格，进行材料的使用和制作。老王夫妇就设计图纸与设计师探讨了天花吊顶的材料、造型和施工做法。吊顶工艺属于隐蔽工程的一部分，其龙骨结构的用材和施工的工艺水平决定了吊顶是否会开裂、变形，是否很长时间都不会松动、脱落。

吊顶是现代家庭装修常见的装饰手法。吊顶既具有美化空间的作用，又是区分室内空间的一种方法。很多情况下，室内空间不能通过墙体、隔断来划分，那样会让空间显得很拥挤、很局促。设计上可以通过天花与地面来对室内空间进行区分，而天花所占的比例又很大。

任务分析

一、吊顶类型

天花吊顶的装修材料是区分天花名称的主要依据，主要有轻钢龙骨石膏板天花、石膏板天花、夹板天花、硅钙板天花、异形长条铝扣板天花、方形镀漆铝扣板天花、PVC 板天花、铝蜂窝穿孔吸声板天花、彩绘玻璃天花和软膜天花等。如用铝扣板做的天花，通常叫铝扣板天花。

1. 轻钢龙骨石膏板天花

石膏板是以熟石膏为主要原料掺入添加剂与纤维制成的，具有质轻、绝热、吸声、不燃和可锯性等特点。石膏板与轻钢龙骨（由镀锌薄钢压制而成）相结合，便构成轻钢龙骨石膏板。轻钢龙骨石膏板天花（见图 3-23）有许多种类，包括纸面石膏板、装饰石膏板、纤维石膏板、石膏空心条板，且市面上有多种规格。目前来看，用轻钢龙骨石膏板

图 3-23　轻钢龙骨石膏板天花

天花作隔断墙的多，作造型天花的比较少。

家庭装修吊顶常用的木龙骨，同时木龙骨也是隔墙的常用龙骨。木龙骨有各种规格，吊顶常用的木龙骨规格为 30 mm×50 mm，常用木材有白松、红松和樟子松。

2. 石膏板天花

石膏板天花多用于商业空间，普遍使用 600 mm×600 mm，工程上没有注明单位的长度，其单位均为 mm。有明骨和暗骨之分，龙骨常用铝或铁。

3. 夹板天花

夹板（也叫胶合板）具有材质轻、强度高、良好的弹性和韧性、耐冲击和振动、易加工和涂饰、绝缘等优点，如图 3-24 所示。

4. 硅钙板天花

硅钙板（见图 3-25）又称石膏复合板，它是一种多孔材料，具有良好的隔声、隔热性能。在室内空气潮湿时能吸收空气中的水分子，空气干燥时又能释放水分子，因此可以适当调节室内干湿度，增加舒适感。

图 3-24 夹板天花

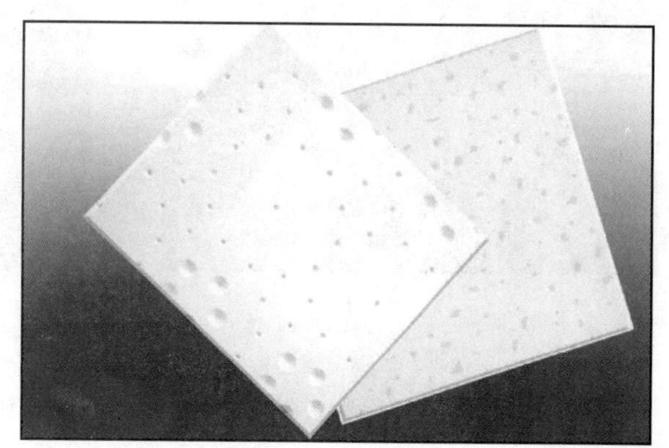

图 3-25 硅钙板

石膏制品又是特级防火材料，在火焰中能产生吸热反应，同时释放出水分子以阻止火势蔓延，而且不会分解产生任何有毒、侵蚀性、令人窒息的气体，也不会产生任何助燃物或烟气。

硅钙板与石膏板比较，在外观上保留了石膏板的美观，重量大大低于石膏板，强度远高于石膏板，彻底避开了石膏板易受潮变形的致命弱点，数倍地延长了材料的使用寿命。在消声息音及保温隔热等方面，也比石膏板有所提高。

5. 异形长条铝扣板天花

铝塑板（见图 3-26）作为一种新型装饰材料，仅仅数年间，便因其经济性、可选色彩的多样性、便捷的施工方法、优良的加工性能、绝佳的防火性及优良的品质，

图 3-26 铝塑板

迅速受到人们的青睐。

铝塑板常见规格为 1 220 mm×2 440 mm，颜色丰富，是室内吊顶、包管的上好材料。很多大楼的外墙和门面亦常以此为材料。

铝塑板分为单面和双面，由铝层与塑层组成，单面较柔软，双面较硬挺，家庭装修常用双面铝塑板。

6. 方形镀漆铝扣板天花（集成吊顶）

铝扣板（见图 3-27）是 20 世纪 90 年代出现的一种新型家装吊顶材料，主要用于厨房和卫生间的吊顶工程。由于铝扣板使用全金属打造，在使用寿命和环保能力上更优于 PVC 材料和塑钢材料。

图 3-27　铝扣板

目前，铝扣板已经成为整个家装工程中不可缺少的材料之一。

人们往往把铝扣板比喻为“厨卫的帽子”，是因为它对厨房和卫生间具有更好的保护和美化装饰作用。目前，铝扣板行业已经在全国各大、中型城市全面普及，并已经成熟化、全面化。

家装铝扣板在国内按照表面处理工艺分类，主要分为喷涂铝扣板、滚涂铝扣板、覆膜铝扣板三大类，依次往后，使用寿命逐渐增大，性能逐渐提高。喷涂铝扣板正常的使用年限为 5~10 年，滚涂铝扣板为 7~15 年，覆膜铝扣板为 10~30 年。

铝扣板的规格有长条形、方块形、长方形等多种，颜色也较多，因此在厨卫吊顶中有很多选择。目前常用的长条形规格有 5 cm、10 cm、15 cm 和 20 cm 等；常用的方块形规格有 300 mm×300 mm、600 mm×600 mm 等，小面积多采用 300 mm×300 mm，大面积多采用 600 mm×600 mm。为使吊顶看起来更美观，可以宽窄搭配，多种颜色组合搭配。铝扣板的厚度有 0.4 mm、0.6 mm、0.8 mm 等多种，越厚的铝扣板越平整，使用年限也就越长。

集成吊顶，本身就表示对传统吊顶的升级。集成吊顶就是将吊顶模块与电器模块均制作成标准规格的可组合式模块，安装时集成在一起。但千万不能小看这种“集成”的行为，这种“集成”的优点是十分明显的。

1）增加美观度。区别于以往厨卫吊顶上生硬地安装浴霸、换气扇或照明灯后的效果，集成吊顶安装完毕后不再是生硬组合，而是美观协调的顶部造型。

2）功能优化。取暖模块、照明模块、换气模块，可合理排布安装位置，克服了传统浴霸安装位置形同虚设的问题，可将取暖模块安装在淋浴区正上方，照明模块安装在房间中间，洗手台的位置安装局部照明模块，换气模块安装在坐便器正上方，从而可使每一项功能都安放在最需要的空间位置上。

3）使用安全。传统的浴霸产品将很多功能硬性地结合为一身，并采用底壳包裹的形式，在使用过程中，由于功率非常高，电机温度也就随之升高，从而降低元器件的寿命。而集成吊顶各功能模块拆分之后，采用开放分体式的安装方式，使电器组件的寿命提升 3 倍以上。

4）以人为本。集成吊顶都是经过精心设计、专业安装来完成的，它的线路布置、通风、取暖效果也是经过严格的设计测试，一切以人为本。相比之下，传统的吊顶太随意，没有安全性可言。

5）绿色节能。集成吊顶的各项功能是独立的，可根据实际的需求来安装暖灯位置与数量。传统吊顶均采用浴霸取暖，有很大局限性，取暖位置太集中，集成吊顶克服了这些缺点，取暖范围大且均匀，3 个暖灯就可以达到浴霸 4 个暖灯的效果，绿色节能。

6）自主选择、自由搭配。集成吊顶的各项功能组件是绝对独立的，可根据厨房、卫生间的尺寸和瓷砖的颜色以及自己的喜好来选择需要的吊顶面板。另外，取暖模块、换气模块、照明模块都有多重选择，可自由搭配，在厨房、卫生间等容易脏污的地方使用。集成吊顶是目前的主流产品。

7. PVC 板天花

PVC 吊顶型材以 PVC 为原料，经加工成为企口式型材，具有重量轻、安装简便、防水、防潮的特点，如图 3-28 所示。表面的花色图案变化非常多，并且耐污染、好清洗，有隔声、隔热的良好性能，成本低、装饰效果好，因此成为卫生间、厨房、阳台等吊顶的主导材料。但随着铝扣板和铝塑板的出现，PVC 板逐渐被取代，主要是因为 PVC 板较易老化、黄变。

8. 铝蜂窝穿孔吸声板天花

铝蜂窝穿孔吸声板结构为穿孔面板与穿孔背板，如图 3-29 所示，依靠优质胶粘剂与铝蜂窝芯直接粘接成铝蜂窝夹层结构，蜂窝芯与面板及背板间贴上一层吸声布。由于蜂窝铝板内的蜂窝芯被分隔成众多的封闭小室，因此阻止了空气流动，使声波受到阻碍，提高了吸声系数（可达到 0.9 以上），同时提高了板材自身强度，使单块板材的尺寸可以做到更大，进一步加大了设计自由度，适用于地铁、影剧院、电台、电视台、纺织厂和噪声超标的厂房以及体育馆等大型公共建筑的吸声墙板、天花吊顶板。

图 3-28　PVC 板

图 3-29　铝蜂窝穿孔吸声板

它的特点包括：

1）板面大、平整度高。

2）板材强度高、重量轻。

3）吸声效果佳、防火、防水。

4）安装简便，每块板可单独拆装、更换。

5）在尺寸、形状、表面处理和颜色等方面可根据客户需求定制，满足客户个性化需求。

9. 彩绘玻璃天花

彩绘玻璃是以颜料直接绘于玻璃上，再烧烤完成的，利用灯光折射出彩色的美感。其图案样式多，可作内部照明用。这种天花多用于公共建筑，如教堂，如图 3-30 所示。

图 3-30　彩绘玻璃天花

10. 软膜天花

软膜天花（见图 3-31）有两种，一种由软膜、边扣条、龙骨构成，另一种采用合金铝材料挤压成型。它有各种各样的形状，直的、弯的，可被切割成合适的形状后再装配在一起，并被固定在室内天花四周，以扣住膜材。

图 3-31 软膜天花

软膜天花有以下类别：

1）光面膜。有很强的光感，能产生类似镜面的反射效果。

2）透光膜。呈乳白色，半透明，在封闭的空间内透光效果可达 75%以上，能产生完美、独特的灯光装饰效果。

3）哑光面。光感仅次于光面，但强于基本膜，整体效果较纯净、高档。

4）鲸皮面。表面呈绒状，有优异的吸声性能，很容易营造出温馨的室内效果。

5）金属面。具有强烈的金属质感，并能产生类似金属的光感，具有很强的观赏效果。

6）孔状面。有 ϕ1 mm、ϕ4 mm、ϕ10 mm 等多种孔径供选择。透气性能好，有助室内空气流通，并且小孔可按要求排列成所需的图案，具有很强的展示效果。

7）基本膜。为软膜天花中较原始的一种类型，价格最低。表面类同普通油漆效果，适用于经济性装饰。

二、吊顶的形式

1. 平面式

平面式吊顶是指表面没有任何造型和层次的吊顶形式，这种顶面构造平整、简洁、利落大方，用料也比其他吊顶形式节省，适用于各种居室的吊顶装饰。它常用各种类型的装饰板材拼接而成，也可以在表面刷浆，喷涂，裱糊壁纸、墙布等（刷乳胶漆推荐石膏板拼接，便于处理接缝开裂）。用木板拼接要严格处理接口，一定要用水中胶或环氧树脂处理。

2. 凹凸式（通常叫造型顶）

凹凸式吊顶是指表面具有凹入或凸出构造处理的一种吊顶形式，这种吊顶造型复杂、富于变化、层次感强，适用于厅、门厅、餐厅等顶面装饰。它常常与灯具（吊灯、吸顶灯、筒灯、射灯等）一起使用。

三、吊顶的设计要求

吊顶用来遮挡结构构件及各种设备管道和装置，对于有声学要求的房间顶棚，其表面形状和材料应根据音质要求来考虑。吊顶是室内装修的重要部位，应结合室内设计进行统筹考虑，装设在顶棚上的各种灯具和空调风口应成为吊顶装修的有机整体，要便于维修隐藏在吊顶内的各种装置和管线。

吊顶应便于工业化施工，并尽量避免湿作业。

四、安装吊顶的注意事项

1）现在室内装修吊顶工程中，大多采用的是悬挂式吊顶，首先要注意选材，其次要严格按照施工规范操作，安装时必须位置正确、连接牢固。用于吊顶、墙面、地面的装饰材料应是不燃或难燃材料，木质材料属易燃型，因此要做防火处理。吊顶里面一般都要敷设照明、空调等电气管线，应严格按规范作业，以避免存在火灾隐患。

2）暗架吊顶要设检修孔。在家庭装饰中吊顶一般不设置检修孔，觉得影响美观，殊不知一旦吊顶内管线设备出了故障就无法检查、确定是什么部位、什么原因，更无法修复，因此对于敷设管线的吊顶还是设置检修孔为好，可选择设在比较隐蔽、易检查的部位，并对检修孔进行艺术处理，譬如与灯具或装饰物相结合进行设置。

3）厨房、卫生间吊顶宜采用金属、塑料等材质。卫生间是沐浴洗漱的地方，厨房要烧饭炒菜，尽管安装了排风扇和抽油烟机，但仍然无法把蒸气和油烟全部排掉，因此易吸潮的饰面板或涂料就会出现变形和脱皮。因此要选用不吸潮的材料，一般宜采用金属或塑料扣板，如采用其他材料吊顶，应采取防潮措施，如刷油漆等。

4）玻璃或灯箱吊顶要使用安全玻璃。用色彩丰富的彩花玻璃、磨砂玻璃做吊顶很有特色，在家居装饰中应用也越来越多，但是如果用料不妥，就容易发生安全事故。为了使用安全，在吊顶和其他易被撞击的部位应使用安全玻璃。目前，我国规定钢化玻璃和夹胶玻璃为安全玻璃。

五、吊顶工程材料图

吊顶工程材料构成如图 3-32 所示。

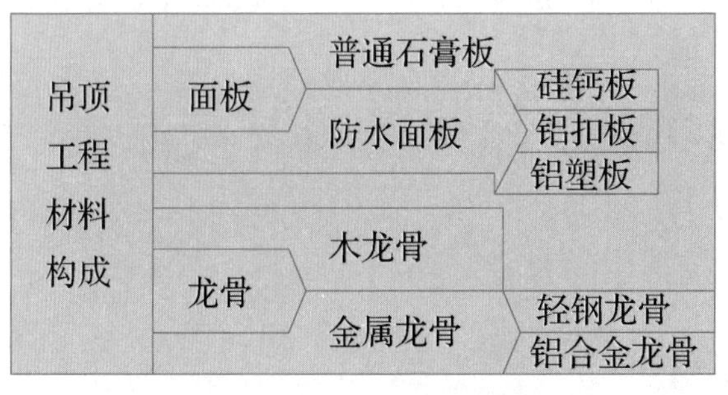

图 3-32　吊顶工程材料构成

六、吊顶工程质量通病的防治方法

1. 龙骨的纵横方向线条不平直

龙骨安装后，在纵横方向上不平直，出现扭曲歪斜，或者高低错位、起拱不均匀、凹凸变形等现象，其原因和相应的防治方法如表 3-2 所示。

表 3-2 龙骨的纵横方向线条不平直的产生原因和防治方法

项次	产生原因	防治方法
1	龙骨受扭折发生变形	凡是受到扭折的龙骨不采用
2	未拉十字通线，全面调整主、次龙骨的高低位置	拉十字通线，逐条调整龙骨的高低和线条平直
3	吊杆的位置不正确、牵拉力不均匀	严格按照设计要求弹线，确定龙骨吊点的位置；主龙骨端部或者接长部位增设吊点，吊点间距不宜大于 1 200 mm
4	控制吊顶的水平标高线误差超出允许范围，龙骨起拱度不符合规定	前面的水平标高线应弹设正确，吊顶中间部分按照要求起拱

2. 纸面石膏板吊顶表面不平整

纸面石膏板吊顶表面不平整，其原因和相应的防治方法如表 3-3 所示。

表 3-3 纸面石膏板吊顶表面不平整的产生原因和防治方法

项次	产生原因	防治方法
1	龙骨没调平就安装饰面板	龙骨必须调整平直，将各紧固件紧固稳妥后，方能安装饰面板
2	在龙骨上悬吊设备或大型灯具等重物	不得在龙骨上悬吊设备，应该将设备直接固定在结构上
3	次龙骨间距偏大，导致挠度过大	严格按照设计要求设置次龙骨间距
4	水平标高线控制不好，误差过大	在墙面上准确地弹好吊顶的水平标高线，误差不得大于 5 mm。对跨度较大的房间，还应加设标高控制点，在一个断面内应拉通线控制，线要拉直，不得下沉
5	吊杆安装不牢，引起局部下沉	安装龙骨前要做吊杆的隐检记录，关键部位要做拉拔试验
6	吊杆间距不均匀，造成龙骨受力不均	根据设计要求弹出吊点位置，保证吊杆间距均匀，在墙边或设备开口处应根据需要增设吊杆

3. 纸面石膏板吊顶接缝处不平整

纸面石膏板吊顶接缝处不平整，其原因和相应的防治方法如表 3–4 所示。

表 3–4　纸面石膏板吊顶接缝处不平整的产生原因和相应的防治方法

项次	产生原因	防治方法
1	选用材料不配套或板材加工不符合要求	应使用专用机具和选用配套材料，加工板材尺寸应保证符合标准，减少原始误差和装配误差，以保证拼板处平整
2	主、次龙骨未调平	安装主、次龙骨后，拉通线检查其是否正确、平整，然后边安装纸面石膏板边调平，满足板面平整度要求

4. 吊顶与设备表面不平整

吊顶与设备表面不平整，其原因和相应的防治方法如表 3–5 所示。

表 3–5　吊顶与设备表面不平整的产生原因和相应的防治方法

项次	产生原因	防治方法
1	吊顶的水平标高线控制不好，误差过大	对于吊顶四周的标高线，应准确地弹到墙上，其误差不能大于 5 mm
2	龙骨未调平就进行金属条板的安装，然后再进行调平，使板条受力不均匀而产生波浪形状	安装金属条板前，应先将龙骨调直、调平
3	在龙骨上直接悬吊重物，其承受不住而发生局部变形。这种现象多发生在龙骨兼卡具的吊顶形式	应同时考虑设备安装。对于较重的设备，不能直接悬吊在吊顶上，应另设吊杆，直接与结构固定
4	吊杆安装不牢，引起局部下沉。例如，吊杆本身固定不好、松动或脱落；吊杆不直，受力后拉直变长	如果采用膨胀螺栓固定吊杆，应做好隐检工作，如膨胀螺栓埋入深度、间距等，关键部位还要做膨胀螺栓的拉拔试验
5	金属条板自身变形，未加矫正而安装，产生吊顶不平	安装前要先检查金属条板的平直情况，发现不正常的要进行调整

5. 吊顶与设备衔接不好

吊顶与设备衔接不好，其原因和相应的防治方法如表 3–6 所示。

表 3–6　吊顶与设备衔接不好的产生原因和防治方法

项次	产生原因	防治方法
1	装饰工种与设备工种没有协调好，设备工种的管道甩槎预留尺寸不准	施工前做好图纸会审工作，以装饰工种为主导。协调各专业工种的施工进度，各工种施工中发现有错误时应该及时改正

续表

项次	产生原因	防治方法
2	孔洞位置开的不准，或大小尺寸不符	对于大孔洞，应该先将其位置画准确，吊顶在此部位断开。也可以先安装设备，然后吊顶再封口。对于小孔洞，宜在顶部开洞，开洞时先拉通长中心线，位置定准后，再开洞

任务实施

一、任务准备

通过对木吊顶施工项目的学习与了解，在施工现场进行施工项目实操训练。

1）分组练习：每 5 人为一个小组，按照施工方法与步骤认真进行技能实操训练。

2）组内讨论、组间对比：组员之间可就有关施工的方法、步骤和要求进行相互讨论与观摩，以提高实操练习的质量与效率。

二、材料和主要机具的准备

1. 材料的准备

（1）木龙骨

木龙骨材料应为烘干、无扭曲、无劈裂、不易变形、材质较轻的树种，以红松、白松为宜。

（2）罩面板材及压条

按设计选用，常用胶合板、纤维板、纸面石膏板、矿棉板、泡沫塑料板等，选用时严格掌握材质及规格标准。

（3）固结材料

圆钉、射钉、膨胀螺栓、胶粘剂。

（4）吊挂连接材料

ϕ6 mm 或 ϕ8 mm 钢筋、角钢、钢板、8 号镀锌铅丝、吊筋等。

（5）其他材料

木材防腐剂、防火剂、防锈漆。

木龙骨吊顶常用材料如图 3-33 所示。

2. 机具的准备

木作吊顶施工主要使用的机具包括：电动冲击钻、手电钻、修边机、电动或气动钉枪、

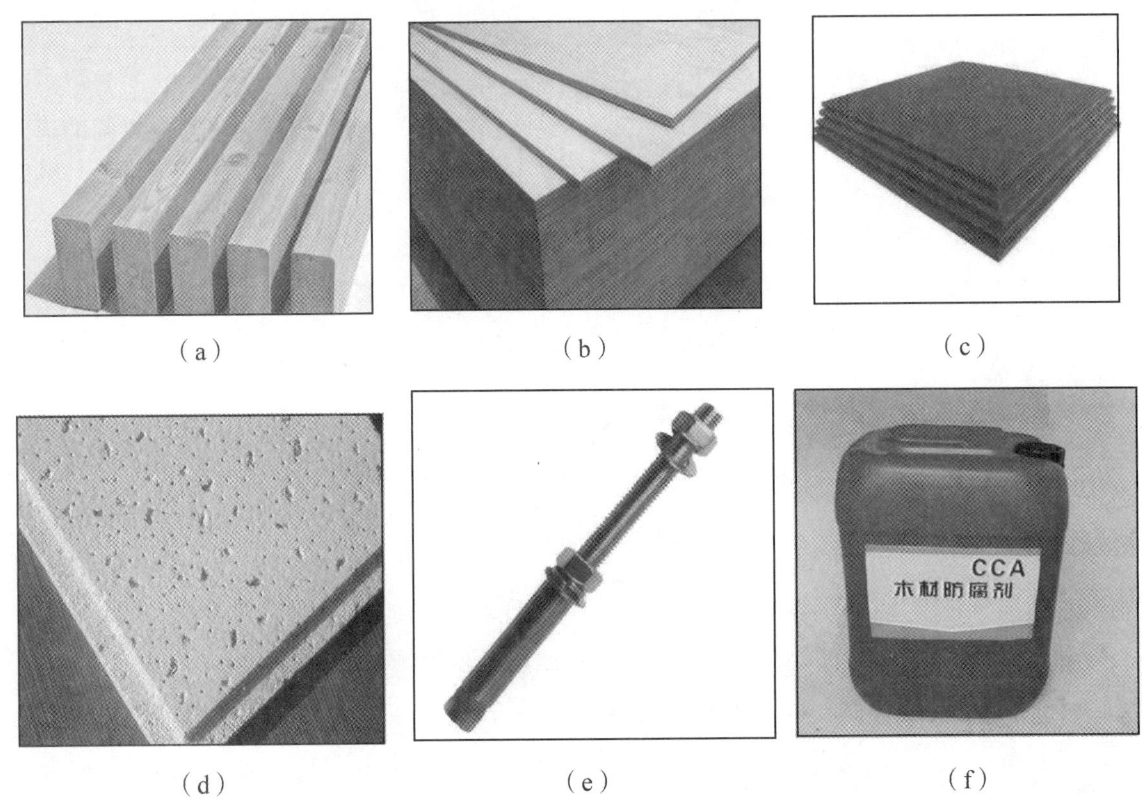

(a)　(b)　(c)

(d)　(e)　(f)

图 3-33　木龙骨吊顶常用材料

(a) 木龙骨；(b) 胶合板；(c) 纤维板；(d) 矿棉板；(e) 吊筋；(f) 木材防腐剂

电圆锯、木刨、木工台刨、线刨、槽刨、木工锯、手锤、木工斧、螺钉旋具、卷尺、水平尺、方尺、扳手、钳子、扁铲、电焊机、凿子、墨线斗等，部分机具如图 3-34 所示。

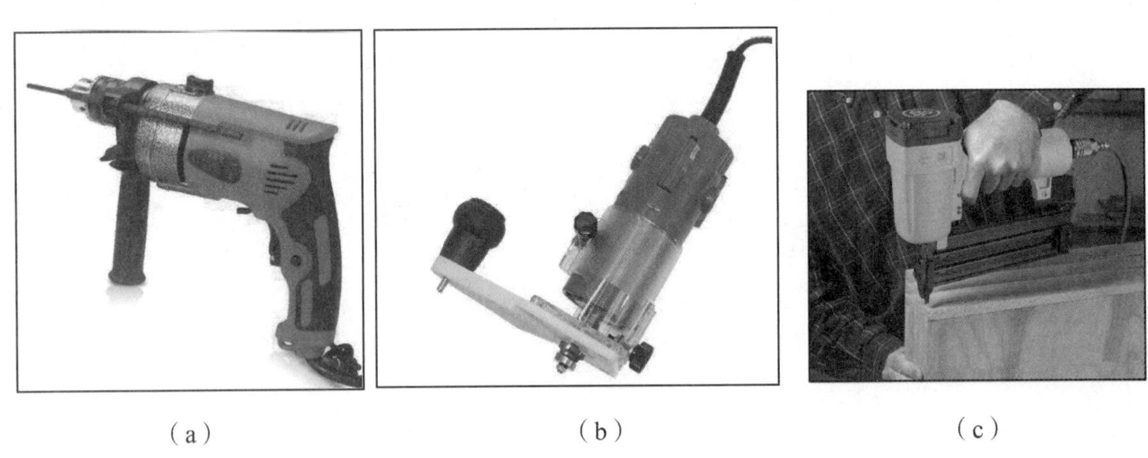

(a)　(b)　(c)

图 3-34　机具的准备

(a) 电动冲击钻；(b) 修边机；(c) 气动钉枪

三、作业条件

1) 在现浇楼板或预制楼板缝中，如果设计未作说明，则钢筋的间距一般不应大于 1 000 mm。

2）当墙为砌体时，应根据吊顶标高，在四周墙上预埋固定龙骨的木砖。

3）直接接触墙体的木龙骨，应预先刷防腐剂。

4）根据工程不同的防火等级和所处环境的要求，应对木龙骨进行喷涂防火涂料或置于防火涂料槽内浸渍处理。

5）吊顶内的管线及通风管道均已安装完毕并经过验收合格，各种灯具、报警器的位置已经明确。

6）墙面及楼地面湿作业和屋面防水已完成。

7）室内环境力求干燥，以满足木龙骨吊顶作业的环境要求。

8）液压升降台调试完毕或自搭的操作平台已搭好并经过安全验收。

五、施工操作

施工流程：弹线→木龙骨处理→安装吊杆→安装主龙骨→安装次龙骨→管道与灯具的固定→吊顶面板的安装。

1. 弹线

弹线是木龙骨吊顶施工的重要步骤之一，主要包括吊顶标高线、吊顶造型位置线、吊挂点位置线和大中型灯具吊点定位线。

1）确定吊顶标高线是首先需要进行的工作，如图 3-35 所示。

2）确定吊顶造型位置线。

①对于较规矩的房间，可以先在一个墙面上量出竖向距离，并按该距离画出平行于墙面的直线，然后从另外三个墙面上用相同的方法画出直线，如图 3-36 所示。

图 3-35　吊顶高度的确定

图 3-36　确定吊顶造型线

②对于不规则室内空间，造型位置线宜采用找点法。首先，根据施工图测出造型边缘距墙的距离；其次，从墙面和吊顶基层进行实测，找出吊顶造型边框的有关基本点；最后，将

各点连线，形成吊顶造型线。

3）确定吊挂点位置线。

①对于平顶吊顶，一般每平方米布置一个吊点，要求吊点均匀分布，这可以确保吊顶的平衡和稳定。

②对于迭级造型的吊顶，应将吊点布置在迭级交界处，两吊点之间的距离通常为 0.8~12 m，以确保吊顶的稳定性和整体性。

③对于较大的灯具，应该安排吊点来吊挂，确保灯具的安全和稳固。

④木龙骨吊顶通常不上人，但如果有上人的要求，则需要适当加密、加固吊点，这可以增加吊顶的承重能力和安全性。

2. 木龙骨处理

对吊顶用的木龙骨进行筛选，将其中腐蚀、斜口开裂、虫眼等部分剔除。对于工程中所用的木质龙骨，均需进行防火处理。一般而言，可将防火涂料涂刷或喷于木材表面，或者将木材置于防火涂料槽内浸渍。对于直接接触结构的木龙骨，例如墙边龙骨、梁边龙骨，以及端头伸入或接触墙体的龙骨，应预先刷防腐剂，如图 3-37 所示，所使用的防腐剂必须具备防潮、防蛀和防腐朽的功效。

图 3-37　木龙骨防腐处理

3. 安装吊杆

（1）吊杆固定件的设置

1）使用 M8 或 M10 膨胀螺栓将 L25×3 或 L30×3 角铁固定在现浇楼板底面上。对于 M8 膨胀螺栓，要求钻孔深度大于或等于 50 mm，钻孔直径以 10.5 mm 为宜；对于 M10 膨胀螺栓，要求钻孔深度大于或等于 60 mm，钻孔直径以 13 mm 为宜（适于不上人吊顶）。

2）使用直径 5 mm 以上高强射钉将 L40×4 角铁或钢板固定在现浇楼板底面上（适于不上人吊顶）。

3）在浇灌楼板或屋面板时，预埋铁件选用 6 mm 厚钢板，用于吊杆布置位置的板底（适于上人吊顶）。

4）在现浇楼板浇筑前或预制板灌缝前预埋 ϕ10 钢筋（适用于上人吊顶）。

（2）吊杆的连接

对于木龙骨吊顶，吊杆的类型有木吊杆、角钢吊杆、扁铁（钢）吊杆。

1）木吊杆：木吊杆的固定方法是先将木方按照吊点位置固定在楼板或屋面板的下方，然后再用吊杆木方与建筑顶面的木方钉牢。吊杆的长度应大于吊点与木龙骨表面之间的距离

100 mm 左右，以便调整高度。在固定吊杆时应在木龙骨的两侧进行固定，并截去多余的部分。每处与木龙骨钉接的地方不应少于 2 只钢钉。如果木龙骨搭接间距较小或者钉接处存在劈裂、腐朽、虫眼等缺陷，则需要更换或立刻在木龙骨的吊挂处钉挂上 200 mm 长的加固短木方。

2）角钢吊杆：角钢吊杆通常用于需要上人和一些重要位置的固定连接。其方法是在角钢的端头钻 2~3 个孔以便调整位置。使用 2 只角钢与木龙骨用 2 只木螺钉固定即可。

3）扁铁（钢）吊杆：扁铁（钢）吊杆的长度需要先测量并截好，在吊点固定端钻出两个调整孔以便调整木龙骨的高度。使用 M6 螺栓将扁铁与吊点件连接，并使用 2 只木螺钉将扁铁与木龙骨固定在一起。

吊杆与主龙骨的连接也可以采用主龙骨钻孔、吊杆下面套丝，并穿过主龙骨用螺母紧固的方法。

吊杆上部与吊杆固定件连接，对于负荷较大的吊顶，一般采用焊接的方式连接吊杆和吊杆固定件。在施焊前需要拉通线，所有吊杆下部找平后，再将上部搭接焊牢。另外，还可以采用角钢固定件预先钻孔或预埋的钢板预埋件上加焊 $\phi10$ mm 钢筋环的方法来连接吊杆和上部固定件。将吊杆上部穿过后弯折固定即可。

4. 安装主龙骨

1）主龙骨通常使用 50 mm×70 mm 的方料，对于较大的房间则采用 60 mm×100 mm 的木方。在主龙骨与墙连接处，主龙骨入墙面的厚度不少于 110 mm，并且需要在入墙部分涂刷防腐剂。

2）主龙骨的布置应按照安装主龙骨设计要求进行，分档弹线并考虑面板尺寸的分档尺寸。

3）主龙骨应平行于房间长向安装，并且需要起拱，起拱高度约为房间跨度的 1/250。主龙骨的悬臂段长度不大于 300 mm。

4）主龙骨接长时采用对接方式，相邻主龙骨的对接接头要错开。

5）在主龙骨挂好后，需要进行基本调平处理，如图 3-38 所示。

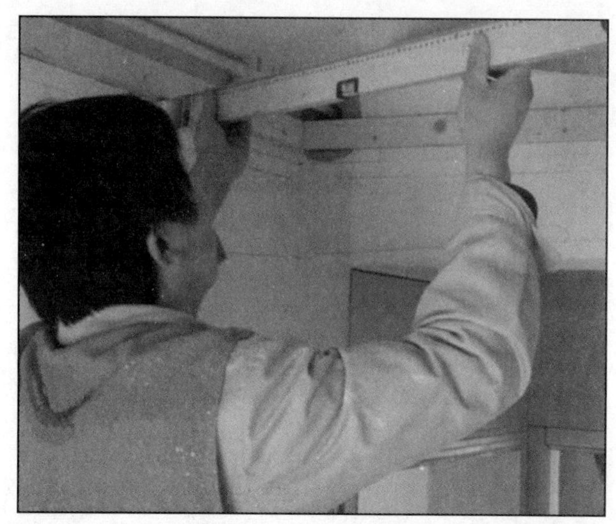

图 3-38　基本调平处理

5. 安装次龙骨

1）次龙骨通常采用 5 cm×5 cm 或 4 cm×5 cm 的木方，底面需要刨光、刮平，并确保截面厚度一致。次龙骨的间距应按照设计要求进行设置，如果没有明确要求，则按照面板规格设置，一般为 400~500 mm。在钉中间的次龙骨时，需要起拱。对于跨度为 7~10 m 的房间，应按照 3/1 000 的比例起拱；对于跨度为 10~15 m 的房间，应按照 5/1 000 的比例起拱。

2）按分档线先定位安装通长的两根边龙骨，拉线后，各根龙骨通过短吊杆将次龙骨用圆钉固定在主龙骨上。每个吊杆之间需要错开，不得在同一侧面上吊钉。

3）先钉次龙骨，再钉间距龙骨。间距龙骨一般采用 5 cm×5 cm 或 4 cm ×5 cm 的方木，间距一般为 30~40 cm。使用 33 mm 长的钉子将间距龙骨与次龙骨钉牢。次龙骨与主龙骨之间的连接多采用 8~9 cm 长的钉子，穿过次龙骨斜向钉入主龙骨中，或者可以通过角钢与主龙骨相连。次龙骨的接头和断裂处以及大节疤处均应用双面夹板夹住，并错开使用。

4）在墙体砌筑时，一般需要按照吊顶标高沿墙四周牢固地预埋木砖，间距多为 1 m。这些木砖用于固定墙边安装龙骨的方木。

6. 管道与灯具的固定

在进行吊顶时，需要结合灯具位置和风扇位置等实际情况，做好预留洞穴和吊钩的工作。如果平顶内有管道或电线穿过，应先安装管道和电线，然后再铺设面层，如图 3-39 所示。如果管道有保温要求，则应在完成管道保温工作之后，才可封钉吊顶面层。

图 3-39　预先安装管道和电线

7. 吊顶面板的安装

木龙骨吊顶常用的罩面板包括装饰石膏板、胶合板、纤维板、木丝板、刨花板等。纸面石膏板与木龙骨连接时，一般采用木螺钉，并采用密缝钉固法，如图 3-40 所示。钉头需要凹入板面 2~3 mm，然后再涂上防锈漆。在进行石膏板的拼接时，需要进行板缝处理，如图 3-41 所示。具体做法是在拼板处贴一层穿孔尼龙纸带，然后使用石膏腻子将缝隙补平。

石膏板吊顶

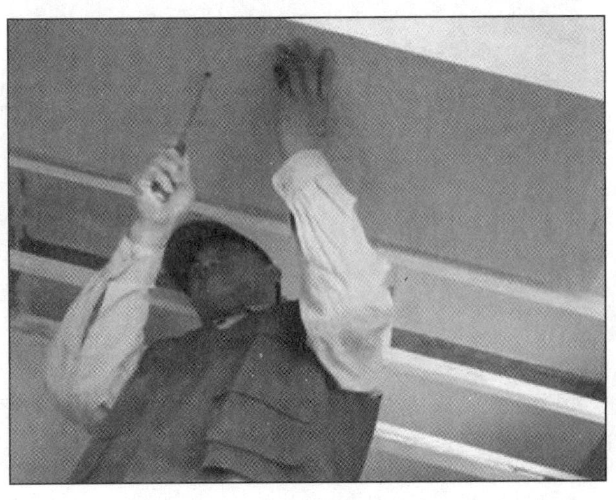

图 3-40　面板安装

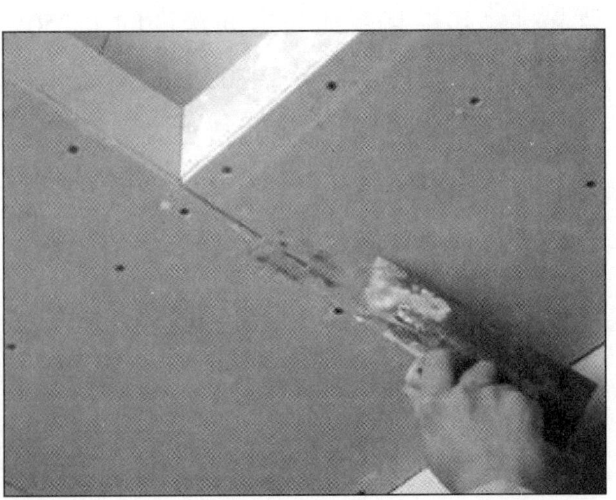

图 3-41　板缝处理

任务评价

知识点评价表

<table>
<tr><th rowspan="3">序号</th><th rowspan="3">评价内容</th><th rowspan="3">评价标准</th><th rowspan="3">配分</th><th colspan="4">评价方式</th></tr>
<tr><th>客观评价</th><th colspan="3">主观评价</th></tr>
<tr><th>系统</th><th>师评（50%）</th><th>互评（30%）</th><th>自评（20%）</th></tr>
<tr><td>1</td><td rowspan="3">预习测验</td><td>能够知道木作吊顶施工所需要的材料和工具</td><td>10</td><td></td><td></td><td></td><td></td></tr>
<tr><td>2</td><td>能简述木作吊顶施工的施工流程</td><td>10</td><td></td><td></td><td></td><td></td></tr>
<tr><td>3</td><td>能说出主要天花类型</td><td>10</td><td></td><td></td><td></td><td></td></tr>
<tr><td>4</td><td rowspan="5">课堂问答</td><td>能识读木作吊顶施工构造图</td><td>10</td><td></td><td></td><td></td><td></td></tr>
<tr><td>5</td><td>能正确说出木作吊顶施工的施工流程</td><td>10</td><td></td><td></td><td></td><td></td></tr>
<tr><td>6</td><td>能正确说出木作吊顶施工的施工要点</td><td>10</td><td></td><td></td><td></td><td></td></tr>
<tr><td>7</td><td>能够说出适用于家装的天花类型及特点</td><td>10</td><td></td><td></td><td></td><td></td></tr>
<tr><td>8</td><td>能说出木作吊顶施工检验的标准</td><td>10</td><td></td><td></td><td></td><td></td></tr>
<tr><td>9</td><td>课后作业</td><td>能对木作吊顶施工的工艺流程以及操作要点进行总结</td><td>20</td><td></td><td></td><td></td><td></td></tr>
<tr><td colspan="3">总配分</td><td colspan="5">100 分</td></tr>
</table>

技能点评价表

序号	评价内容	评价标准	配分	评价方式			
				客观评价	主观评价		
				系统	师评（50%）	互评（30%）	自评（20%）
仿真	工具选择	工具选择错误一个扣1分	10				
	材料选择	材料选择错误一个扣1分	10				
	操作步骤	操作步骤错误一步扣2分	30				
实操	表面平整度	≤2 mm，建筑用电子水平尺或2 m靠尺，塞尺	10				
	接缝直线度	≤3 mm，5 m拉线，钢直尺	10				
	接缝高低差	≤1 mm，钢直尺，塞尺	10				
	分隔板立面垂直度	≤3 mm，建筑用电子水平尺或垂直检测尺	10				
	分隔板阴阳角方正	≤3 mm，建筑用电子水平尺或直角检测尺	10				
总配分			100分				

素养点评价表

序号	评价内容	评价标准	配分	评价方式			
				客观评价	主观评价		
				系统	师评（50%）	互评（30%）	自评（20%）
1	学习纪律	考勤，无迟到、早退、旷课行为	10				
2		课上积极参与互动	10				
3		尊重师长，服从任务安排	10				
4		充分做好实训准备工作	10				

续表

序号	评价内容	评价标准	配分	评价方式			
				客观评价	主观评价		
				系统	师评（50%）	互评（30%）	自评（20%）
5	卫生与环保意识	节约使用施工材料，无浪费现象	10				
6		操作时，工具和材料按要求摆放，操作台面整洁	10				
7		实训后，自觉整理台面、工具和材料	10				
8	规范意识	严格遵守实训操作规范，无违规操作	10				
9		在规定时间内完成任务	10				
10	团队意识	有团队协作意识，积极、主动与人合作	10				
否决项		违反实训室守则，在实训室内嬉戏打闹、损坏实训室设备等影响恶劣行为者，该任务职业素养记为零分	0				
总配分			100分				

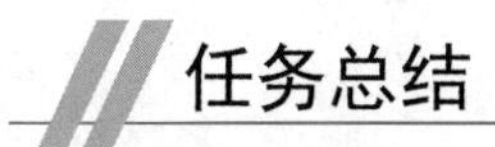

任务总结

木作吊顶施工检测项目与质量标准

施工任务完成后及完成中要注意施工质量的检查与评定。

1. 木龙骨吊顶主要检测项目

木龙骨吊顶面层为整体面层时，其主要检测项目可参照表3-7所示的整体面层吊顶主要检查项目。

表 3-7　整体面层吊顶主要检查项目

主控项目	1）吊顶标高、尺寸、起拱和造型应符合设计要求。 2）面层材料的材质、品种、规格、图案、颜色和性能应符合设计要求及国家现行标准的有关规定。 3）整体面层吊顶工程的吊杆、龙骨和面板的安装应牢固。 4）吊杆和龙骨的材质、规格、安装间距及连接方式应符合设计要求。金属吊杆和龙骨应经过表面防腐处理，木龙骨应进行防腐、防火处理。 5）石膏板、水泥纤维板的接缝应按其施工工艺标准进行板缝防裂处理。安装双层板时，面层板与基层板的接缝应错开，并不得在同一根龙骨上接缝
一般项目	1）面层材料表面应洁净、色泽一致，不得有翘曲、裂缝及缺损。压条应平直、宽窄一致。 2）面板上的灯具、烟感器、喷淋头、风口箅子和检修口等设备设施的位置应合理、美观，与面板的交接应吻合、严密。 3）金属龙骨的接缝应均匀一致，角缝应吻合，表面应平整，应无翘曲和锤印。木质龙骨应顺直，应无劈裂和变形。 4）吊顶内填充吸声材料的品种和铺设厚度应符合设计要求，应有防散落措施

木龙骨吊顶面层为板块面层时，其主要检测项目可参照表 3-8 所示的板块面层吊顶主要检查项目。

表 3-8　板块面层吊顶主要检查项目

主控项目	1）吊顶标高、尺寸、起拱和造型应符合设计要求。 2）面层材料的材质、品种、规格、图案、颜色和性能应符合设计要求及国家现行标准的有关规定。当面层材料为玻璃板时，应使用安全玻璃并采取可靠的安全措施。 3）面板的安装应稳固严密。面板与龙骨的搭接宽度应大于龙骨受力面宽度的 2/3。 4）吊杆和龙骨的材质、规格、安装间距及连接方式应符合设计要求。金属吊杆和龙骨应进行表面防腐处理，木龙骨应进行防腐、防火处理。 5）板块面层吊顶工程的吊杆和龙骨安装应牢固
一般项目	1）面层材料表面应洁净、色泽一致，不得有翘曲、裂缝及缺损。面板与龙骨的搭接应平整、吻合，压条应平直、宽窄一致。 2）面板上的灯具、烟感器、喷淋头、风口箅子和检修口等设备设施的位置应合理、美观，与面板的交接应吻合、严密。 3）金属龙骨的接缝应平整、吻合、颜色一致，不得有划伤和擦伤等表面缺陷。木质龙骨应平整、顺直，应无劈裂。 4）吊顶内填充吸声材料的品种和铺设厚度应符合设计要求，应有防散落措施

木龙骨吊顶面层为搁栅面层时，其主要检测项目可参照表 3-9 所示的搁栅吊顶主要检查

项目。

表 3-9　搁栅吊顶主要检查项目

主控项目	1）吊顶标高、尺寸、起拱和造型应符合设计要求。 2）搁栅的材质、品种、规格、图案、颜色和性能应符合设计要求及国家现行标准的有关规定。 3）吊杆和龙骨的材质、规格、安装间距及连接方式应符合设计要求。金属吊杆和龙骨应进行表面防腐处理，木龙骨应进行防腐、防火处理。 4）搁栅吊顶工程的吊杆、龙骨和搁栅的安装应牢固
一般项目	1）搁栅表面应洁净、色泽一致，不得有翘曲、裂缝及缺损。栅条角度应一致，边缘应整齐，接口无错位。压条应平直、宽窄一致。 2）吊顶的灯具、烟感器、喷淋头、风口箅子和检修口等设备设施的位置应合理、美观，与搁栅的套割交接处应吻合、严密。 3）金属龙骨的接缝应平整、吻合、颜色一致，不得有划伤和擦伤等表面缺陷。木质龙骨应平整、顺直，应无劈裂。 4）吊顶内填充吸声材料的品种和铺设厚度应符合设计要求，应有防散落措施

2. 木龙骨吊顶的允许偏差和检验方法

木龙骨吊顶为整体面层时，吊顶工程安装的允许偏差和检验方法应符合表 3-10 的规定。

表 3-10　整体面层吊顶工程安装的允许偏差和检验方法

项次	项目	允许偏差/mm	检验方法
1	表面平整度	3	用 2 m 靠尺和塞尺检查
2	缝格、凹槽直线度	3	拉 5 m 线，不足 5 m 拉通线，用钢直尺检查

木龙骨吊顶为板块面层时，吊顶工程安装的允许偏差和检验方法应符合表 3-11 的规定。

表 3-11　板块面层吊顶工程安装的允许偏差和检验方法

项次	项目	允许偏差/mm				检验方法
		石膏板	金属板	矿棉板	木板、塑料板、玻璃板、复合板	
1	表面平整度	3	2	3	2	用 2 m 靠尺和塞尺检查
2	接缝直线度	3	2	3	3	拉 5 m 线，不足 5 m 拉通线，用钢直尺检查
3	接缝高低差	1	1	2	1	用钢直尺和塞尺检查

木龙骨吊顶为搁栅吊顶时，吊顶工程安装的允许偏差和检验方法应符合表 3-12 的规定。

表 3-12 搁栅吊顶工程安装的允许偏差和检验方法

项次	项目	允许偏差/mm		检验方法
		金属搁栅	木搁栅、塑料搁栅、复合材料搁栅	
1	表面平整度	2	3	用 2 m 靠尺和塞尺检查
2	搁栅直线度	2	3	拉 5 m 线，不足 5 m 拉通线，用钢直尺检查

根据吊顶类型编制木龙骨吊顶的施工方案，完成后在班级展示。

任务五 家具制作

任务引入

在家具的选择上，老王完全听从太太的意见，但是他们希望按照房间特征定制一套衣柜与一个鞋柜，由于是现场制作，老王夫妇不了解工人可以制作成什么样子，同时对质量也有一定的疑惑。

由于装饰工程受工期限制，要求在根据装饰布置和装饰施工配套的基础上较快完成，故制作方法一般都采用板式结构或板框组合式结构。设计师向老王夫妇介绍了现场制作家具的方法，并对于衣柜与鞋柜给出了自己的设计方案与制作方案。

任务分析

一、木板的分类

1. 按材质分类

分为实木板、人造板两大类。目前除了地板和门扇会使用实木板外，一般所使用的板材都是人工加工出来的人造板。

2. 按成型方式分类

1）装饰面板，又称面板，是一种高级装修材料。它是将实木板经过精密刨切，制成厚度约为 0.2 mm 的微薄木皮，再以夹板为基材，通过胶粘工艺制作而成的具有单面装饰作用的装饰板材。装饰面板厚度约为 3 mm，是夹板存在的一种特殊方式。与混油做法相比，装饰面板具有更高的档次和品质。

2）夹板，又称胶合板，是一种由三层或多层1 mm厚的单板或薄板胶贴热压制成的材料。它在手工制作家具中被广泛使用，是目前最为常用的材料之一。夹板通常分为6种规格，分别为3厘板、5厘板、9厘板、12厘板、15厘板和18厘板（其中厘指1 mm）。

3）细木工板，也被行内俗称为大芯板。大芯板是由两片单板中间粘压拼接而成的一种木质板材。相较于细芯板，大芯板的价格更为实惠，但其竖向（以芯材走向区分）的抗弯压强度较差。然而，大芯板的横向抗弯压强度却相对较高。

4）刨花板，是一种薄型板材，主要由木材碎料、胶水和添加剂压制而成。根据压制方法的不同，可分为挤压刨花板和平压刨花板两类。尽管刨花板价格极其便宜，但其强度却极差。因此，一般不适宜制作较大型或有力学要求的家具。

5）密度板，又称纤维板，是一种人造板材，以木质纤维或其他植物纤维为原料，施加脲醛树脂或其他适用的胶粘剂制成。根据密度的不同，可分为高密度板、中密度板、低密度板。密度板质软耐冲击，易于再加工，是国外制作家具的一种良好材料。然而，由于我国关于高密度板的标准比国际标准低数倍，导致我国密度板的使用质量还有待提高。

6）防火板，是一种采用硅质材料或钙质材料为主要原料，混合一定比例的纤维材料、轻质骨料、胶粘剂和化学添加剂，经过蒸压技术制成的装饰板材。由于其防火性能优异，防火板在建筑行业得到了广泛应用。但是，防火板的施工对于粘贴胶水的要求比较高，因此质量较好的防火板价格相对较高。防火板的厚度一般为0.8 mm、1 mm和1.2 mm。

7）三聚氰胺板，全称为三聚氰胺浸渍胶膜纸饰面人造板。它的制作方法是将带有不同颜色或纹理的纸放入三聚氰胺树脂胶粘剂中浸泡，然后经过干燥和热压，铺装在刨花板、中密度纤维板或硬质纤维板表面而成。三聚氰胺板具有优异的耐磨、耐水、耐油、耐酸碱等性能，因此被广泛应用于家具、室内装饰、地面装饰等领域。然而，近年来也有人将三聚氰胺板用于假冒复合地板，这是不合适的。

8）集成材，是一种新兴的实木材料，它采用大径原木，经过精、深加工后形成像手指一样交错拼接的木板。由于其独特的制作工艺，这种板的环保性能优越，价格每张大约在200元，略贵于高档细木工板。与细木工板相比，集成材可以直接上色、刷漆，省去了一道工序。此外，集成材不易变形，因此主要用于制作木门窗和高档家具。

9）板材和方材。木材是由原木纵向锯成的板材和方材的统称。板材的宽度为厚度的3倍以上，而宽度不足厚度3倍的矩形木材则称为方材。这些木材是家具制造、土建工程等领域常用的材料。板材产品外形扁平，宽厚比大，单位体积的表面积也很大，因此包容覆盖能力强，在化工、容器、建筑、金属制品、金属结构等领域都得到广泛应用。这些板材可以任意剪裁、弯曲、冲压、焊接，制成各种制品构件，使用灵活方便，在汽车、航空、造船及拖拉机制造等行业占有极其重要的地位。此外，它们还可以弯曲焊接成各类复杂断面的型钢、钢管、大型工字钢、槽钢等结构件，因此被誉为“万能钢材”。

二、家具和橱柜施工工艺

家具和橱柜采用后场制作、现场拼装的工艺模式，这种方式不仅可以极大地提高产品品质，还可以缩短施工周期。为了确保家具和橱柜能够充分满足业主的需求，其工艺规范要求如下：

1）家具主体采用家具结构板做基层，侧边采用实木收口。

2）家具靠墙背板采用家具结构板或 9 厘多层板作基层。

3）抽屉侧板采用家具结构板，侧边采用实木收口，抽屉底板基层采用 9 厘板，也是贴面的家具结构板，抽屉必须使用抽屉滑轨。

4）成品板家具必须使用专用连接件连接。

5）橱柜全部由工厂制作、现场安装。工艺精度要求橱柜外形尺寸偏差≤2 mm，橱柜立面垂直度偏差≤2 mm，橱柜门与框架的平行度偏差≤2 mm。

三、木工工艺

1. 木工工艺与造价

在装修工程中，木工项目通常是一个重要的部分。从装修的角度来看，木工技术基本上代表了整个装修工程。许多业主都将木工技术水平视为一家装修公司的基本技术水平。因此，大多数装修公司都非常重视木工这一环节。

在经历了残酷的市场恶战后，乳胶漆的报价从每平方米 40 多元降到了 20 多元，泥水工种更是有人赠送，价格从每平方米 40 多元降到了谷底。然而，唯一能够确保装修公司赢利的是木工活。因此，木工报价一直处于相对稳定的状态。在这样的市场环境下，木工活成了装修公司的救命稻草。尽管其他工种的价格不断下跌，但是木工活的价格却保持着相对稳定的水平。

木工报价涉及用料、设计等因素，与其他的装修项目更不具有可比性。我们以一个简单的衣柜为例来看：

方案一：使用密度板结构，内贴木皮、外贴木皮。

方案二：使用大芯板结构，内刷清漆、外刷混油。

方案三：使用大芯板结构，内贴柏丽板、外贴饰面板加清漆。

方案四：全实木结构，加清漆或混油（此项视实木种类有很大差异）。

上述四种方案在理论上都是可行的，但实际造价却存在巨大差异。方案三的造价可能比方案一高出一倍以上，再加上设计方面的差异，可比性更低。然而，最昂贵的方案仍然是方案四，尤其是使用花梨或酸枝类木材，并采用桐油油漆工艺时，造价甚至可达上万。

这里我们着重讨论的是工艺，不是材料方面的内容。之所以做出上面的比较，主要是说明工艺上和造价上的差异。

2. 木工工艺中的注意事项

1）钉眼的处理。钉眼的处理严格上来说属于油漆工的范畴。俗话说“三分姿色七分打扮”，在木工工种中也同样适用。如今，绝大部分的装修都使用再加工板材，施工时都采用了射钉等技术，因此如何处理这些钉眼就成了一个突出的问题。为了掩饰这些缺点，我们需要对腻子的配色采取十分严谨的态度，尽量使配色后的颜色与木表面基本上一致。相同的处理方法也适用于树节、树疤等问题。

2）板材的选择。选择优质的板材是保证工程质量的第一因素。在选择板材时，需要非常严格地考虑其质量和适用性。只有选择质量优良的板材，才能确保工程的长期稳定性和安全性。

3）对饰面工艺的选择。在选择饰面工艺时，需要考虑不同板材的特点。对于纹理优美的实木板和饰面板，我们可以采用清漆进行饰面处理；而对于纹理较差的实木板或者没有饰面的普通夹板，则需要使用混油进行处理。需要注意的是，如果选择清漆饰面，那么应该选择表面较好的实木板或者饰面板；而如果选择混油，则只需要选用普通的板材。值得一提的是，使用饰面板加混油的做法实际上是浪费钱财。

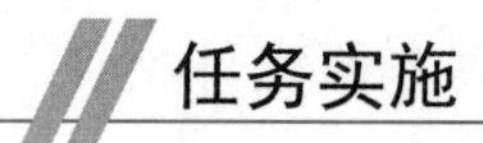

任务实施

一、任务准备

通过对家具制作工程施工项目的学习与了解，在施工现场进行施工项目实操训练。

1）分组练习：每 5 人为一个小组，按照施工方法与步骤认真进行技能实操训练。

2）组内讨论、组间对比：组员之间可就有关施工的方法、步骤和要求进行相互讨论与观摩，以提高实操练习的质量与效率。

二、材料的准备

所准备的材料包括木工板、樟木板、收口线条、胶水，如图 3-42 所示。

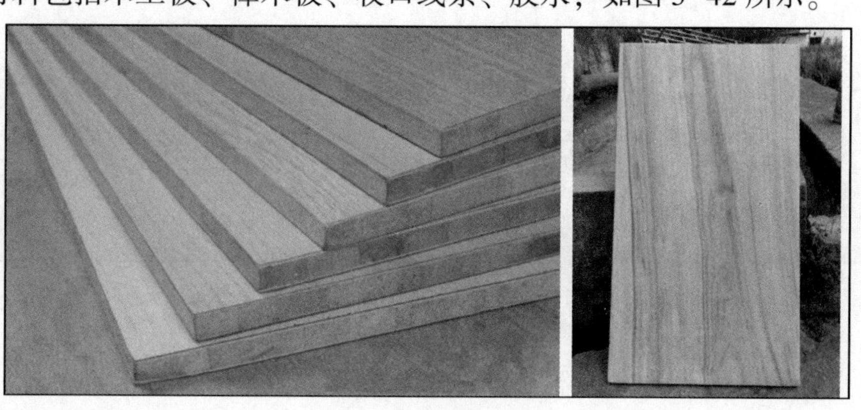

图 3-42　材料的准备

图 3-42　材料的准备（续）

三、施工操作

施工流程：饰面板表面上底漆→定位、划线、切割→柜体框架拼装→贴五合板→榫槽及拼板施工→刷胶→柜门的安装与调试→内部零件的安装与调试。

1）饰面板表面上底漆。各类饰面板（黑红胡桃、白橡、红枫等）刷底漆后加工，主要是为了保护饰面板颜色不被弄脏。因为在家具制作过程中和油漆施工时，很多东西容易粘在上面，难以擦除，最后做清水漆后，都能看到那些脏印。刷底漆对饰面板表面有保护作用，很容易将脏东西擦掉。威胁饰面板的主要有三大“杀手”：白乳胶（用于粘面板背面）、胶水（用于和腻子）和乳胶漆。

2）定位、划线、切割。根据实际尺寸，在家具框架的细木工板上定位、划线、切割，如图 3-43 所示。

3）柜体框架拼装（见图 3-44）。家具框架一律用细木工板立主框（应注意实际尺寸）。

图 3-43　定位、划线、切割

图 3-44　柜体框架拼装

4）贴五合板。家具的背后用五合板（如有饰面板时仍利用五合板衬底）。

5）榫槽及拼板施工。所有贴墙部位的木基层均须衬垫防潮纸进行防潮处理。

6）刷胶。刷胶后用骑马钉或 1 寸铁钉固定，禁用直钉，涂上白乳胶，贴上饰面板，并用钉子固定。

7）柜门的安装与调试（见图 3-45）。

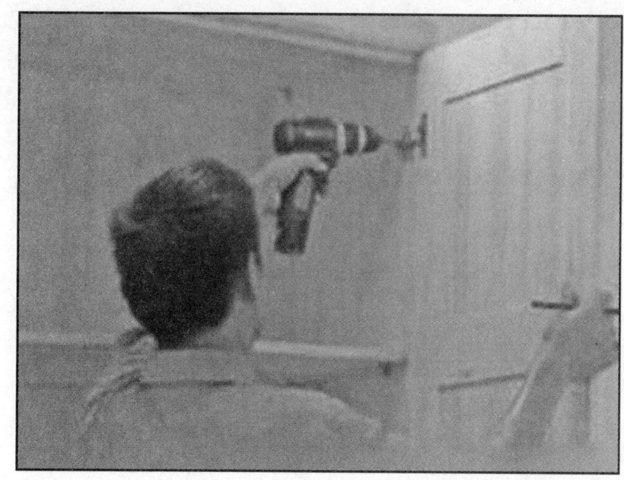

图 3-45　柜门的安装及调试

①先制作柜门骨架，在表面刷白乳胶。

②柜门骨架上先用胶水粘好饰面板、木线条，然后用蚊钉固定（禁用直钉）。木线条与饰面板必须平整（初操作时线条应略凸于饰面板，以防木线收缩，待要验收时进行整修）。

③用重物压所有柜门扇，防止今后翘拱。

8）内部零件的安装与调试（见图 3-46）。

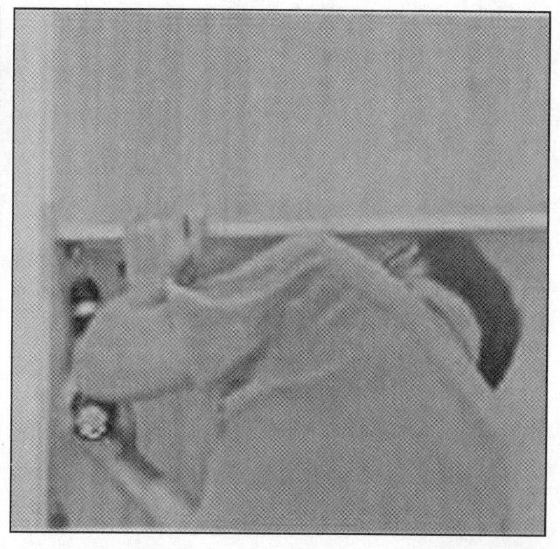

图 3-46　内部零件的安装与调试

现场木工制作

任务评价

知识点评价表

序号	评价内容	评价标准	配分	评价方式			
				客观评价	主观评价		
				系统	师评（50%）	互评（30%）	自评（20%）
1	预习测验	能够知道家具制作所需要的材料和工具	10				
2		能简述家具制作的施工流程	10				
3		能说出木材的分类	10				
4	课堂问答	能识读家具制作方案构造图	10				
5		能正确说出家具制作的施工流程	10				
6		能正确说出家具或橱柜施工工艺	10				
7		能够说出木工工艺	10				
8		能说出木工工艺注意事项	10				
9	课后作业	能对家具制作的工艺流程以及操作要点进行总结	20				
总配分			100 分				

技能点评价表

序号	评价内容	评价标准	配分	评价方式			
				客观评价	主观评价		
				系统	师评（50%）	互评（30%）	自评（20%）
仿真	工具选择	工具选择错误一个扣1分	10				
	材料选择	材料选择错误一个扣1分	10				
	操作步骤	操作步骤错误一步扣2分	20				
实操	壁橱门缝宽度	≤1.5 mm，每橱随机选一扇门测量，不少于两处，取最大值	20				
	吊橱垂直度	≤2.0 mm，每橱随机选一扇门测量，不少于两处，取最大值	20				
	对角线长度（橱体、橱门）	≤2.0 mm，每橱随机选一扇门测量，不少于两处，取最大值	20				
总配分			100分				

素养点评价表

序号	评价内容	评价标准	配分	评价方式			
				客观评价	主观评价		
				系统	师评（50%）	互评（30%）	自评（20%）
1	学习纪律	考勤，无迟到、早退、旷课行为	10				
2		课上积极参与互动	10				
3		尊重师长，服从任务安排	10				
4		充分做好实训准备工作	10				

续表

序号	评价内容	评价标准	配分	评价方式			
				客观评价	主观评价		
				系统	师评（50%）	互评（30%）	自评（20%）
5	卫生与环保意识	节约使用施工材料，无浪费现象	10				
6		操作时，工具和材料按要求摆放，操作台面整洁	10				
7		实训后，自觉整理台面、工具和材料	10				
8	规范意识	严格遵守实训操作规范，无违规操作	10				
9		在规定时间内完成任务	10				
10	团队意识	有团队协作意识，积极、主动与人合作	10				
否决项		违反实训室守则，在实训室内嬉戏打闹、损坏实训室设备等影响恶劣行为者，该任务职业素养记为零分	0				
总配分			100 分				

任务总结

壁橱及吊橱基本要求和验收方法

造型、结构和安装位置应符合设计要求。框架应采用榫头结构（细木工板除外）、表面应砂磨光滑，不应有毛刺和锤印。采用贴面材料时，应粘贴平整、牢固，不脱胶，边角处不起翘。橱门应安装牢固，开关灵活，下口与底片下口位置平行。小五金安装齐全、牢固，位置正确，采用目测和手感的方法验收。壁橱及吊橱的制作尺寸偏差和验收方法应符合表 3-13 的规定。

表 3-13　壁橱及吊橱制作尺寸允许偏差及验收方法

mm

项目	允许偏差	验收方法	量具	测量方法
壁橱门缝宽度	≤1.5	使用楔形塞尺测量	楔形塞尺	每橱随机选一扇门，测量不少于两处，取最大值
吊橱垂直度	≤2.0	使用数显水平尺测量	线锤、钢卷尺	
对角线长度（橱体、橱门）	≤2.0	使用卷尺在柜体、橱门对角线方向测量		
注：本表指标以 1 m 为基础，超过 1 m 以百分比类推。				

案例讨论

某家庭的地面进行了地面木地板铺设的施工工程。当装修工作圆满完成，满怀期待的客户入住之后，却惊讶地发现木地板出现了起拱变形的问题。

经过仔细的调查和深入的分析，最终找到了问题的根源。原来是在施工之时，工人应客户的要求，在木地板与门口相接的位置没有安装收边条，并且四周与墙面的连接处也没有预留足够宽的通风缝。这种不合理的施工方式使地面的潮气无法有效地排出，日积月累，最终导致了木地板起拱变形。

这一情况深刻地告诫我们，在日常的工作中，一定要坚定不移地坚持原则。我们应当本着对客户高度负责的态度，不能盲目地迎合客户所有的要求。要知道，客户可能在某些专业领域缺乏足够的认知和了解，而我们作为专业的施工人员，有责任和义务为客户提供正确的建议和指导。

就如同我们党在领导国家发展的进程中，始终坚守为人民服务的根本宗旨，坚持从实际出发，遵循客观规律，制定科学合理的政策和方针。我们在工作中也应如此，要以专业的知识和负责的态度，为客户的利益着想，敢于拒绝那些不合理的请求，确保工作的质量和效果。只有这样，我们才能赢得客户的信任，树立良好的行业口碑，为社会的发展和进步贡献自己的力量。

在社会主义核心价值观中，敬业是对每个工作者的基本要求。我们应以敬业的精神，严谨的态度，对待每一项工作任务，为实现中华民族伟大复兴的中国梦添砖加瓦。

项目四

涂饰工程施工

- 涂饰工程施工
  - 涂饰工程主辅材料选购
    - 涂料装饰材料的类型
    - 涂料施工辅料采购方法
    - 选涂料
    - 买涂料
  - 涂饰工程施工
    - 对涂料的认识
    - 涂料的发展和种类
    - 涂料的成品保护
    - 涂料施工的作业条件
    - 基层处理→刮腻子、打磨→刷乳胶漆→成品保护
  - 裱糊工程施工
    - 墙纸的类型
    - 墙纸发展趋势
    - 墙纸的特点
    - 防露和伸缩性的处理
    - 纸质壁纸的施工方法
    - 纱线壁布、无纺布、编织类壁布施工方法
    - 花纸的拼接
    - 裱糊类墙柱饰面的基本构造
    - 基层处理→涂刷基膜→吊垂直、套方、找规矩、弹线→计算用料、裁纸→刷胶→裱糊→修整→成品保护

项目目标

一、知识目标

1）记住涂饰工程主辅材料选购。

2）记住涂饰工程施工流程。

3）记住裱糊工程施工流程。

二、技能目标

能够熟练进行涂饰工程的施工。

三、素养目标

养成认认真真工作、踏踏实实做事的职业素养。

任务一　涂饰工程主辅材料选购

任务引入

在进行装饰装修时，对使用的油漆、涂料、壁纸等这些材料，怎样进行选择，是老王夫妇较头疼的一件事，设计师根据不同部位的需要，给出了相应的建议。

人们对环保的要求越来越高，那么在材料选择上除了美观，更会要求环保，因此，相关材料怎么进行选购也是必须要了解的。

任务分析

一、涂料装饰材料的类型

涂料作为建筑装饰领域的一项重要产品，近年来经历了不断的发展和变化。传统的涂料已经不再是简单的颜料和溶剂的组合，而是加入了更多的功能和特点，例如防水、防污、防火等。随着涂料技术的不断提高，涂料装饰材料也逐渐多样化，以下是几种常见的涂料装饰材料类型。

1. 乳胶漆

乳胶漆（见图4-1）是目前国内绝大多数家庭和公共场所使用的涂料之一，主要是因为它具有环保健康的特点。乳胶漆以水作为主要溶剂，表现出较高的平整度和覆盖力，能够有效地隔绝墙面底材质中的腐蚀物和污垢，同时还具有较强的耐久性。此外，乳胶漆的颜色丰富、装饰效果好，可以满足不同装修风格的需求。

2. 油性漆

油性漆（见图 4-2）是一种传统的涂料材料，具有稳定性和装饰性方面的优异表现。该涂料以有机溶剂为主要成分，涂刷后可以形成较厚的涂层，能够有效地覆盖和修饰墙面。此外，油性漆还具有防腐、防锈等特性，适用于一些需要长期使用的场合。不过，由于其含有有机溶剂，使用时需要注意安全，避免对人体健康造成影响。

图 4-1　乳胶漆

图 4-2　油性漆

3. 外墙涂料

外墙涂料（见图 4-3）的名称表明它主要用于室外环境的装饰和保护。这类涂料一般分为水性涂料、乳胶涂料、油性涂料和自洁涂料四大类。不同类型的外墙涂料具有不同的性质和使用特点，例如耐紫外线性能、保温性能、防水性能等。

4. 木器涂料

由于木材本身的特殊性，木器涂料（见图 4-4）具有特殊的使用场景和性质。由于木材容易受潮、腐蚀和日光暴晒而变形或损坏，因此选择合适的木器涂料对木材进行保护和装饰至关重要。木器涂料一般分为清漆、木油和仿真木材漆三种，它们的用途和特性各不相同。

图 4-3　外墙涂料

图 4-4　木器涂料

5. 地板涂料

地板涂料是一种特别的涂料，主要用于地面的装饰和保护。该涂料有不同的种类，例如清漆、木油和水性涂料，用于不同类型的地板，如实木地板、复合地板等。它们在外观、耐磨性、防污性、防潮性等方面都具有不同的特性。

二、涂料施工辅料采购方法

在外墙涂料施工中，辅助材料的选用和采购同样非常重要。这些辅助材料包括腻子、砂纸、滚筒、刷子、底漆、面漆等。腻子是填补墙面不平整处和缝隙的重要辅助材料，砂纸则用于打磨腻子和涂层表面，滚筒和刷子则是涂刷涂料时所使用的工具，底漆和面漆则是增强附着力和保护涂层的必要产品。那么我们在涂料施工时该如何采购辅料呢？

1. 货比三家，性能优越者优先选择

在采购辅料之前，我们需要了解每种材料的功能和适用范围，以便选择最适合自己工地使用的材料。对于辅助材料来说，它们的功能性非常重要，在选择辅料销售商时，我们应尽可能选择厂家或批发市场的大型销售点，这样可以获得更优惠的价格和更好的售后服务。在询价后，我们应该货比三家，选择功能性最好的材料，而不是只考虑价格因素。贪图便宜可能会导致施工性能降低，增加施工中的人工成本，最终影响工程质量。

2. 询问专业人员，选择先进材料

激烈的市场竞争不断推动生产企业进行创新，因为施工人员长期扎根工地，不能很充分地了解市场潮流，思维一般比较保守且制式化。这就导致了选择的辅料虽然可以使用，但却不能减少人工消耗。例如，在粘贴窗框防护时，往往直接采购的胶带长度为 5 cm 左右，但窗框宽度一般在 12 cm 左右，因此需要粘贴三道胶带，这样造成了材料的浪费和增加了工程量。但是如果直接联系厂家预定 15 cm 的胶带，就可以一次性解决以上所有问题。

任务实施

一、选涂料

1）在选购涂料前，需要先确定自己家的面积大小。这样可以让涂料公司或装修公司根据实际面积核算出所需涂料的数量和种类。一般来说，如果是将全部工作外包给装修公司，这项工作由他们负责；如果只是半包给装修公司，这项工作可以让卖涂料的店面进行计算。

2）确定自己家的装修风格和颜色要求。

3）了解涂料市场上有哪些好的品牌和产品，哪些是环保型的涂料也是非常重要的。

4）从离自己最近的建材市场开始考察涂料品牌、产品和价格。可以到多个建材市场进行比较，了解不同品牌和产品的优缺点，以及价格等方面的信息。

5）看。

①品牌实力。选择知名度高、口碑好、产品环保、质量稳定、大企业有保障的品牌。

②查看产品的相关检测报告，例如中国环保产品认证、中国环境标志产品认证等，以确保所选涂料符合环保要求。

③观察产品的包装。外包装标识是否齐全，产品主要成分、环保规格、合格证、生产厂商是否表述清楚。

④检查产品的配套物料。好的产品专业性更强，不仅有着严格的工艺要求，还会根据板材的纹理、色泽、结构或使用对象设计不同的样板风格和色卡，并提供技术指导和售后服务。另外，在选购墙面漆时，应先观察样板的透明度和光泽，直观地判断一下涂装效果的好坏。好的墙面漆涂料一般透明度较高、光泽度较亮。

6）闻。在选购墙面漆时，可以闻一闻样板漆的气味。环保型的墙面漆气味淡雅纯正，不会像劣质漆那样有一股刺鼻的异味。因此，我们可以要求打开漆罐的盖子，闻一闻样板漆，判断一下气味的浓淡。

7）问。进入涂料专卖店后，除了听取导购人员的讲解之外，还应该结合自家房子的实际情况，仔细询问所要选购墙面漆的价格、质保、服务等。

8）摸。用手摸一摸漆膜也是选购墙面漆时需要注意的一点。好的墙面漆固含量高，手感细腻柔滑；而劣质的涂料由于固含量低，即使涂刷多遍依然感觉漆膜脆薄，含有杂质的油漆还会有明显的颗粒感。

9）划。用牙签或指甲等硬物划一划漆膜也可以判断其质量的好坏。好的墙面漆硬度高、耐划性好，不易刮花；而硬度低的墙面漆则会出现明显的细划痕，影响墙体的美观。

二、买涂料

1）在与商家谈价格时，可以直接要求折扣，多砍一些再慢慢谈。只要有一定利润，商家通常都会愿意做这笔生意。

2）考察商家的资质非常重要。可以查看他们的证件，确认是否是品牌的授权商或正规的专卖店。一般正规的专卖店都会有厂家的正式授权书。

3）体验厂商提供的服务也很重要。可以了解服务人员的专业度，能否提供设计建议和后期的涂刷服务等。如果能提供这些服务，最好与市场上同类服务进行比较。

4）涂料的用量要让厂商讲清楚，并提前谈好剩余涂料的处理办法；退货要问清条件；订单也要详细。这样可以避免出现不必要的麻烦。

5）注意售后条约。不要贪图便宜的产品，质量问题带来的代价远比购买优质产品要耗费的资金大得多。因此，在选购涂料时一定要考虑售后服务的质量和保障程度。

6）可以跟商家协商将涂料送到家里，并提前谈好涂装服务的价格，这样可以方便快捷地完成整个装修过程，并且可以避免因为物流和运输等问题而产生的额外费用。

任务评价

知识点评价表

<table>
<tr><th rowspan="3">序号</th><th rowspan="3">评价内容</th><th rowspan="3">评价标准</th><th rowspan="3">配分</th><th colspan="4">评价方式</th></tr>
<tr><th>客观评价</th><th colspan="3">主观评价</th></tr>
<tr><th>系统</th><th>师评（50%）</th><th>互评（30%）</th><th>自评（20%）</th></tr>
<tr><td>1</td><td rowspan="3">预习测验</td><td>能够知道涂料装饰材料的不同类型</td><td>10</td><td></td><td></td><td></td><td></td></tr>
<tr><td>2</td><td>能够知道涂料施工辅料采购方法</td><td>10</td><td></td><td></td><td></td><td></td></tr>
<tr><td>3</td><td>能够知道从哪些方面来选涂料</td><td>10</td><td></td><td></td><td></td><td></td></tr>
<tr><td>4</td><td rowspan="5">课堂问答</td><td>能简述从哪些方面挑选涂料</td><td>10</td><td></td><td></td><td></td><td></td></tr>
<tr><td>5</td><td>能简述从哪些方面来买涂料</td><td>10</td><td></td><td></td><td></td><td></td></tr>
<tr><td>6</td><td>能正确说出涂料装饰材料的不同类型</td><td>10</td><td></td><td></td><td></td><td></td></tr>
<tr><td>7</td><td>能简述涂料施工辅料的采购方法</td><td>10</td><td></td><td></td><td></td><td></td></tr>
<tr><td>8</td><td>能简述选购涂料的注意事项</td><td>10</td><td></td><td></td><td></td><td></td></tr>
<tr><td>9</td><td>课后作业</td><td>能应用所学知识对涂料装饰材料进行选购</td><td>20</td><td></td><td></td><td></td><td></td></tr>
<tr><td colspan="3">总配分</td><td colspan="5">100分</td></tr>
</table>

素养点评价表

<table>
<tr><td rowspan="3">序号</td><td rowspan="3">评价内容</td><td rowspan="3">评价标准</td><td rowspan="3">配分</td><td colspan="4">评价方式</td></tr>
<tr><td>客观评价</td><td colspan="3">主观评价</td></tr>
<tr><td>系统</td><td>师评（50%）</td><td>互评（30%）</td><td>自评（20%）</td></tr>
<tr><td>1</td><td rowspan="3">学习纪律</td><td>考勤，无迟到、早退、旷课行为</td><td>20</td><td></td><td></td><td></td><td></td></tr>
<tr><td>2</td><td>课上积极参与互动</td><td>20</td><td></td><td></td><td></td><td></td></tr>
<tr><td>3</td><td>尊重师长，服从任务安排</td><td>20</td><td></td><td></td><td></td><td></td></tr>
<tr><td>4</td><td>团队意识</td><td>有团队协作意识，积极、主动与人合作</td><td>20</td><td></td><td></td><td></td><td></td></tr>
<tr><td>5</td><td>创新意识</td><td>能够根据现有知识举一反三</td><td>20</td><td></td><td></td><td></td><td></td></tr>
<tr><td colspan="2">否决项</td><td>违反教室守则，在教室内嬉戏打闹、损坏教室设备等影响恶劣行为者，该任务职业素养记为零分</td><td>0</td><td></td><td></td><td></td><td></td></tr>
<tr><td colspan="3">总配分</td><td colspan="5">100 分</td></tr>
</table>

任务总结

选购涂料注意事项

1）购买绿色涂料时要选择知名品牌，并到正规专卖店进行选购。同时，还要查看产品是否符合国家相关环保标准。

2）需要仔细阅读产品的质量合格检测报告，特别是质检报告上的 VOC 含量。国家标准规定 VOC 含量为每升不超过 200 g，较好的涂料为每升 100 g 以下，而环保涂料则接近于 0。

如果可以的话，最好让经销商打开涂料桶，亲自检测一下。如果出现严重的分层现象，说明质量较差。可以用棍轻轻搅动，看涂料在棍上停留时间和覆盖均匀程度，来判断质量的好坏。如果用手轻捻，越细腻越好。

3）不合格的涂料由于 VOC、甲醛等有害物质超标，大多有刺激性气味，危害巨大。因此，在选择涂料时一定要选择有质量保障和技术服务的品牌涂料。

任务二　涂饰工程施工

任务引入

老王夫妇不希望房间是白色的，女主人喜爱粉绿色，他们的主卧墙面希望是粉绿色的，所以今天他们来到了设计事务所。设计师就墙面涂饰工程给他们进行了介绍，并且满足了女主人对颜色上的要求。

墙面粉刷工作实际上就是墙面乳胶漆工程。设计师就墙面乳胶漆工程向老王夫妇介绍了相关的工程知识，并且对乳胶漆等相关材料进行了介绍。

任务分析

一、对涂料的认识

乳胶漆有水溶性、溶剂型、通用型、抗污型、抗菌型等。

1. 水溶性内墙乳胶漆

水溶性内墙乳胶漆（见图 4-5）是一种无污染、无毒、无火灾隐患的环保产品。其易于涂刷，干燥迅速，漆膜耐水、耐擦洗性好，色彩柔和，是现代家居装修的首选。水溶性内墙乳胶漆以水作为分散介质，避免了有机溶剂性毒气体带来的环境污染问题，具有良好的透气性。此外，该产品还能避免因涂膜内外温度压力差而导致的涂膜起泡弊病，适合未干透的新墙面涂装。

图 4-5　水溶性内墙乳胶漆

2. 溶剂型内墙乳胶漆

以高分子合成树脂为主要成膜物质，必须使用有机溶剂为稀释剂。经过颜料、填料及助剂的混合研磨而制成，如图 4-6 所示，是一种挥发性涂料，价格较水溶性内墙乳胶漆和水溶性涂料要高。因此，在施工中使用易燃溶剂，容易造成火灾，需要特别注意安全问题。然而，在低温施工时，溶剂型内墙乳胶漆的性能好于水溶性内墙乳胶漆和水溶性涂料，具有良好的耐候性和耐污染性，且具有较好的厚度、光泽、耐水性、耐碱性等优点。但需要注意的是，在潮湿的基层上施工容易出现起皮、起泡、脱落等问题。

图 4-6 溶剂型内墙乳胶漆

3. 通用型乳胶漆

通用型乳胶漆（见图 4-7）是一种适用于不同消费层次要求的乳胶漆产品，目前占据市场份额最大的一种。其中，最普通的是无光乳胶漆，它的效果为白色且没有光泽，刷上后能够确保墙体干净、整洁，具备一定的耐刷洗性和良好的遮盖力。另外一种典型的乳胶漆是丝绸墙面漆，它的手感与丝绸缎面一样光滑、细腻、舒适，侧墙可看出光泽度，正面看不太明显。然而，这种乳胶漆对墙体的要求比较苛刻，如果是旧墙返新，底材稍有不平，灯光一打就会显示出光泽不一致。因此，在施工时要求活儿做得非常细致，才能尽显其高雅、细腻、精致之效果。

4. 抗污乳胶漆

抗污乳胶漆（见图 4-8）是一种具有一定抗污功能的乳胶漆。它能轻松擦掉一些水溶性污渍，如水性笔、手印、铅笔等，并可使用清洁剂擦掉一些油渍。然而，对于一些化学性物质，如化学墨汁等，则无法完全恢复原貌，只能表现出较好的耐污性和一定的抗污作用。需要注意的是，抗污乳胶漆并非绝对的抗污。

图 4-7 通用型乳胶漆

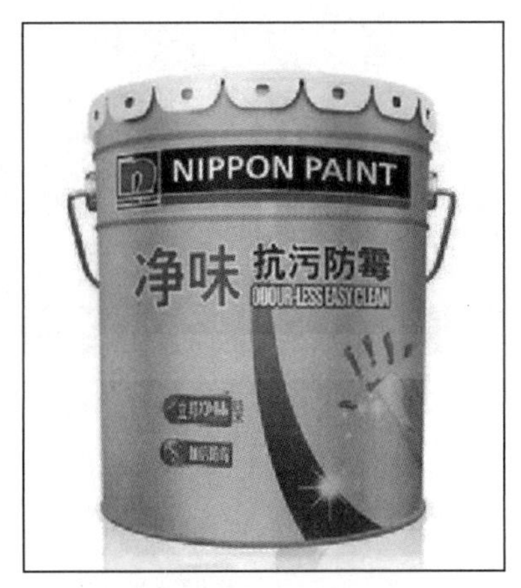

图 4-8 抗污乳胶漆

5. 抗菌乳胶漆

随着人们对健康洁净生态化居住环境的追求越来越强烈，对抗菌功能的产品也越来越重视。抗菌乳胶漆（见图 4-9）作为一种新型涂料，除了具有涂层细腻、丰满、耐水、耐霉、耐候性等特点外，还具有抗菌功能，它的出现推动了建筑涂料的发展。目前，理想的抗菌材料为无机抗菌剂，其中包括金属离子型无机抗菌剂和氧化物型抗菌剂。这些抗菌剂能够杀灭和抑制常见微生物、金黄色葡萄球菌、大肠杆菌、白色念珠菌及酵母菌、霉菌等，从而有效改善生活环境。

图 4-9　抗菌乳胶漆

二、涂料的发展和种类

1. 内墙乳胶漆系列

（1）哑光漆

哑光漆具有无毒、无味、较高的遮盖力、良好的耐洗刷性、附着力强、耐碱性好、安全环保、施工方便、流平性好的特点，适用于工矿企业、机关学校、安居工程、民用住房，其效果如图 4-10 所示。

图 4-10　哑光漆效果图

（2）半亚光漆

半亚光漆是目前家具漆的主要品种。

（3）亮光漆

亮光漆在地板上用得多。

（4）丝光漆

丝光漆具有平整、光滑的表面，质感细腻，有丝绸光泽、高遮盖力和强附着力的特点。还具有极佳的抗菌和防霉性能，以及优良的耐水、耐碱性能。涂膜可洗刷，光泽持久。适用于医院、学校、宾馆、饭店、住宅楼和写字楼等公共场所及民用住宅，其效果如图 4-11 所示。

（5）有光漆

有光漆色泽纯正、光泽柔和、漆膜坚韧、附着力强、干燥快、防霉耐水、耐候性好、遮盖力高，是各种内墙漆首选之品。

（6）高光漆

高光漆具有超卓遮盖力，坚固美观，光亮如瓷，有很高的附着力、高防霉抗菌性能，耐洗刷、涂膜耐久且不易剥落，坚韧牢固，是高档豪华宾馆、寺庙、公寓、住宅楼、写字楼等理想的内墙装饰材料，其效果如图 4-12 所示。

图 4-11　丝光漆效果图

图 4-12　高光漆效果图

2. 外墙乳胶漆系列

（1）哑光漆

哑光漆产品耐候性及耐紫外线较佳、干燥快、涂膜坚韧、遮盖力强、防霉、防水、具有时尚色彩，适用于饭店、医院、学校、公寓、住宅楼、民用住房、寺庙、写字楼的外装饰，其效果如图 4-13 所示。

图 4-13　哑光漆效果图

（2）丝光漆

丝光漆具有平整、光滑的表面，质感细腻，有丝绸光泽，能够有效抵御紫外线的侵害，具有较强的耐污性和优良的附着力。涂膜具备防霉的功能，流平性好，施工方便，是宾馆、公寓、住宅楼、寺庙、写字楼、商业楼、旅游景点等理想的外墙装饰材料。

（3）有光漆

光泽度高、耐紫外线佳，同时有较强的附着力和抗污性，防霉、防潮，是高档宾馆、公寓、寺庙、住宅楼、别墅、写字楼最为理想的外墙装饰材料。

(4) 高光漆

具有保色性好、抗粉化、高耐候性、强遮盖力、高附着力、高防霉抗菌性能，耐雨水冲刷，不变色、光亮如瓷，是专为水泥基墙面而研制的一种理想的外墙用面漆。

3. 其他特种漆

(1) 高弹漆

高弹漆（见图 4-14）具备卓越的抗裂性能，其涂膜表面交联后，具有优良的弹性和延伸率，能够有效地弥补墙壁表面已有或将产生的裂纹。还具有超强的抗污性和涂膜耐洗刷性，能够有效地防水防潮、抗菌防霉、耐碱，是一种高贵的外墙装饰材料。

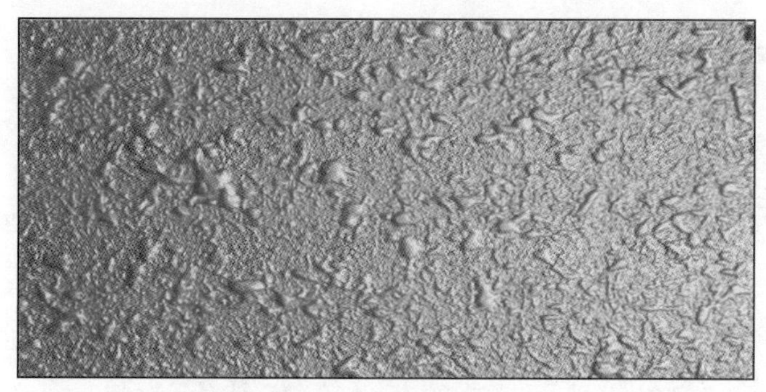

图 4-14　高弹漆

(2) 彩石漆

彩石漆（见图 4-15）具有立体感强、庄重典雅、美观大方的特点，同时还具备耐老化、先进、造价低、经济实惠等优势。适用于机关团体、宾馆饭店、民用住宅、公共场所等外墙建筑的喷涂装饰。

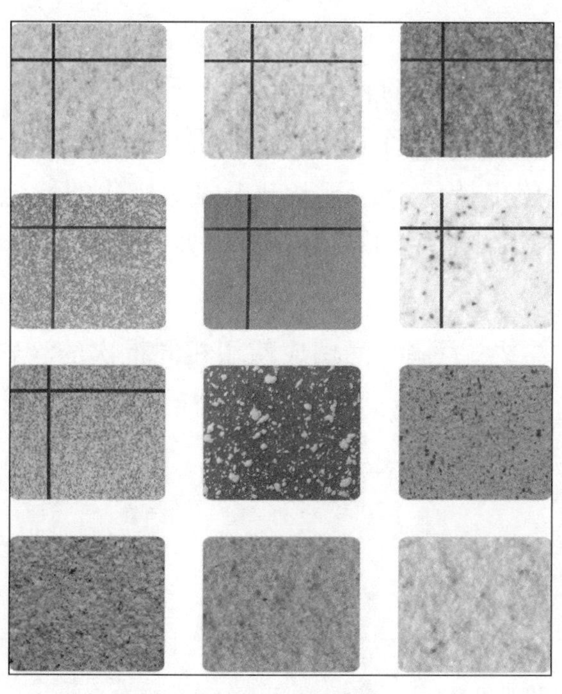

图 4-15　彩石漆

（3）固底漆

固底漆（见图 4–16）具备超强的渗透力，可有效地封固墙面。耐碱防霉的涂膜能有效地保护墙壁，极强的附着力可有效地防止面漆咬底、龟裂，适用于各种墙体基层使用。

（4）高光防水罩面漆

涂膜光亮如镜，耐老化，抗污染，内外墙均可使用，污点一洗即净，耐擦洗可达 10 000 次以上。适用于厨房、卫生间、洗澡堂等易污染的场所。

图 4–16　固底漆

三、涂料的成品保护

1）施涂前应首先清理好周围环境，防止尘土飞扬，影响涂料质量。

2）施涂墙面涂料时，不得污染地面、踢脚、阳台、窗台、门窗及玻璃等已完成的部分项目工程。

3）最后一遍涂料施涂完后，室内空气要流通，预防漆膜干燥后表面无光或光泽不足。

4）涂料未干前，不应打扫室地面，严防灰尘等粘污墙面涂料。

5）涂料墙面完工后要妥善保护，不得磕碰污染墙面。

四、涂料施工的作业条件

1）涂料施工应在抹灰工程、地面工程、木装修工程、水暖工程、电气工程等全部完工并经验收合格后进行。

2）了解基层的基本要求。这些要求包括基层材质、附着能力、清洁程度、干燥程度、平整度以及酸碱度等，并按照这些要求进行基层处理。

3）涂料施工的环境温度不得低于涂料正常成膜温度的最低值。冬季施工时，应采取保温和保暖措施，以确保室温始终保持稳定，不得出现骤然变化的情况，相对湿度也应符合涂料施工的相应要求。室外涂料工程施工过程中，应格外注意气候变化，遇到恶劣天气时不应施工。

4）进行外墙涂饰时，需要注意同一面墙应使用相同批次的涂料。此外，施涂前及施工过程中必须充分搅拌，以防止沉淀的出现，从而影响施涂作业和效果。

任务实施

一、任务准备

通过对油漆涂料工程施工项目的学习与了解，在施工现场进行施工项目实操训练。

1）分组练习：每5人为一个小组，按照施工方法与步骤认真进行技能实操训练。

2）组内讨论、组间对比：组员之间可就有关施工的方法、步骤和要求进行相互讨论与观摩，以提高实操练习的质量与效率。

二、材料和主要机具的准备

1. 材料的准备

（1）涂料

乙酸乙烯乳胶漆，如图4-17所示。

图4-17 乙酸乙烯乳胶漆

（2）填充料

填充料有大白粉、石膏粉、滑石粉、羧甲基纤维素、聚醋酸乙烯乳液、地板黄、红土子、黑烟子、立德粉、调色颜料等，部分填充料如图4-18所示。

（a）

（b）

（c）

（d）

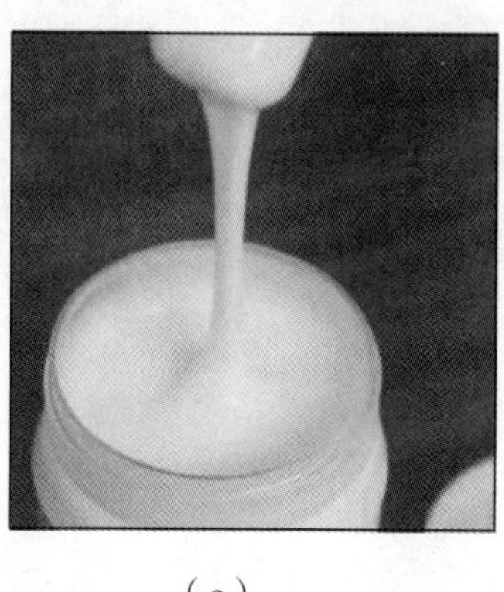

（e）

（f）

图4-18 填充料

（a）大白粉；（b）石膏粉；（c）滑石粉；（d）羧甲基纤维素；（e）聚醋酸乙烯乳液；（f）立德粉

2. 机具的准备

应备有高凳、脚手板、空压机、喷枪、半截大桶、滚筒、橡皮刮板、钢片刮板、腻子托板、小铁锹、开刀、腻子槽、砂纸、笤帚、刷子、排笔、擦布、棉丝等，部分机具如图4-19所示。

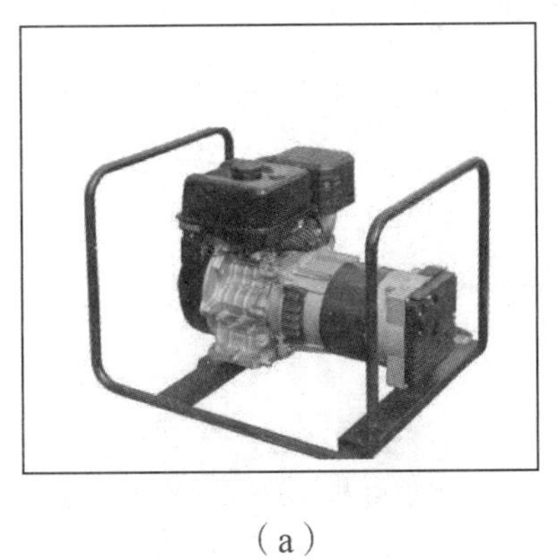

(a)

(b)

(c)

图 4-19 机具的准备

(a) 空压机；(b) 喷枪；(c) 橡皮刮板

三、施工操作

1. 施工方法

涂饰施工的一般涂饰方法有滚涂、喷涂与刷涂等，每种涂饰方法都是在做好基层后施涂，不同的基层对涂料施工有不同的要求。

1）滚涂。指利用滚涂辊子进行涂饰。

2）喷涂。指利用压力将涂料喷涂于物面墙面上的施工方法。

3）刷涂。指采用鬃刷或毛刷施涂。

2. 施工工艺流程

施工流程：基层处理→刮腻子、打磨→刷乳胶漆→成品保护。

（1）基层处理

一般墙面基层为砌筑墙体抹灰或未抹灰基层和轻钢龙骨隔墙基层，顶面一般为钢筋混凝土楼板基层和轻钢龙骨吊顶基层。本任务按照以上常规墙顶面基层配图介绍现场施工工艺。

施工前应先对基层进行检查、验收，确保基层表面坚实、平整、干燥，无空鼓、浮浆、起砂、裂缝等现象。

1）将墙面起皮及松动处清除干净，检查基层平整度，对特别凸出的地方凿掉或整平。对局部凹陷的地方用石膏粉和建筑胶补平，如图 4-20 所示，干燥后用砂纸将凸出处磨掉，将残留灰渣铲干净，然后将墙面扫净。接缝用接缝胶批两遍后贴上绑带以防开裂。

2）防锈处理：用防锈漆调普通硅酸盐水泥制成补钉眼腻子（推荐使用）；用补钉眼腻子将石膏板表面所有钉眼填补密实，不得遗漏，如图 4-21 所示。

3）防裂处理：石膏板间的拼缝处用调好的嵌缝石膏腻子填塞满，如图 4-22 所示，嵌缝石膏用水、白乳胶和石膏调成腻子；再用白乳胶将浸湿的接缝纸带粘在拼缝处，拉直抹平如图 4-23 所示。

图 4-20　局部补平

图 4-21　所有钉眼填补密实

（2）刮腻子、打磨

刮腻子也称批腻子，遍数可由墙顶面平整程度决定，通常为三遍，墙顶面阴角可用墨斗弹线找准点，顶面应考虑阴阳角垂直度，用螺钉暂固定，先阴角后阳角，由内到外，自上而下循序进行，如图 4-24、图 4-25 所示。

图 4-22　石膏腻子填塞满

图 4-23　接缝纸带粘在拼缝处

图 4-24　墨斗弹线

图 4-25　先阴角后阳角

按顺序将腻子批嵌到墙面，批时上下或左右拉直，厚度均匀，用直尺调平，阴阳角用直尺靠直，如图 4-26 所示。

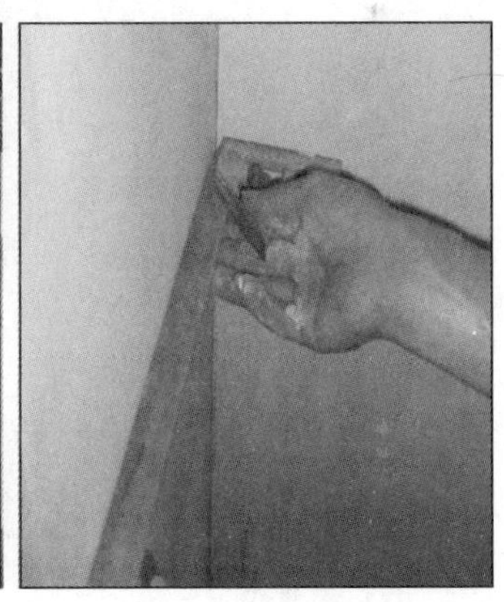

图 4-26　阴阳角用直尺靠直

第一遍腻子干燥后打磨砂纸，将浮腻子及斑迹磨光，然后将墙顶面清扫干净。

第二遍与前次的方向成 90°顺序满刮腻子，注意刮腻子接口处平整，阴阳角二次靠角，所用材料及方法同第一遍腻子，干燥后用砂纸磨平并清扫干净，如图 4-27 所示。

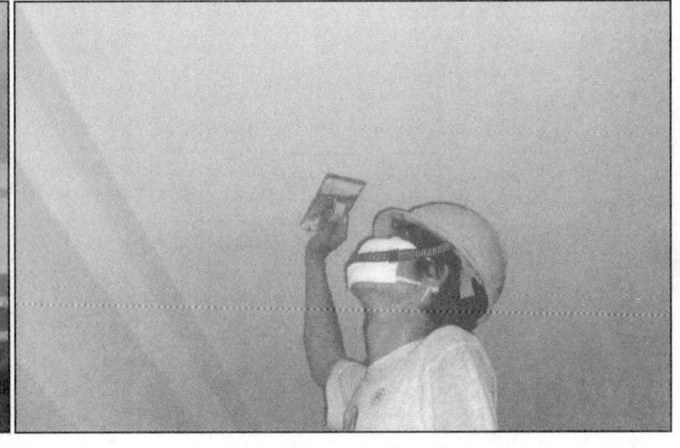

图 4-27　阴阳角二次靠角、磨平

第三遍用胶皮刮板找补腻子或用钢片刮板满刮腻子，将墙顶面刮平、刮光，干燥后用细砂纸磨平、磨光，无明显划痕，边角分界清晰，不得遗漏或将腻子磨穿。阴阳角用直尺靠在角上进行平磨，确保阴阳角的顺直。打磨面应佩戴防护工具，可用灯光照射检查，打磨后应及时清理，保持现场卫生，如图 4-28 所示。

图 4-28　用灯光照射检查

批刮的腻子层不宜过厚，批刮面完全干燥后方可进行下道工序施工。底层腻子未干透，不得做面层。

（3）刷乳胶漆

一般施工工艺流程为：涂刷封闭底漆→涂刷中层两遍→涂刷面层→清扫。

1）涂刷封闭底漆。墙顶面腻子层表面清扫干净，无浮灰、粉尘。底漆使用前应加水搅拌均匀，用排笔将收边处乳胶漆刷好，使用新排笔时，应将排笔上不牢固的毛清理掉。其余部分再用滚筒滚涂或喷枪喷浆；用滚筒或喷枪操作时要按规范操作，确保涂层厚度均匀。喷（滚）涂涂刷顺序是先顶面后墙面，墙面是先上后下，如图 4-29 所示。

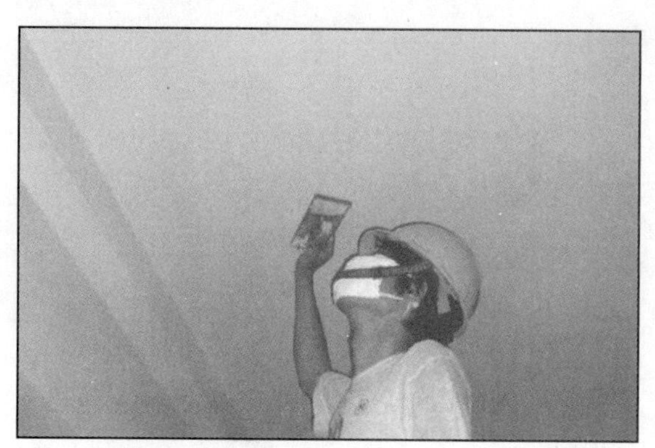

图 4-29　喷涂、磨光

2）涂刷中层两遍。待第一遍封闭底漆干后，仔细检查所有完成面，对局部的粉尘、凸点、刷痕、不平整等问题进行补腻子、打磨处理。然后，根据要求涂刷后续乳胶漆，操作方法跟第一遍乳胶漆相同，并严格控制时间间隔。灯具及末端设备应在最后一次乳胶漆施工前安装完成，并对相关设备做好成品保护。用喷枪喷涂时，应按乳胶漆品牌产品使用说明与水配比，喷涂施工时应注意控制涂料黏度、喷枪气压、喷口大小、喷射距离及喷射角度等，力求喷足、喷平、不流挂、不漏喷等。

用滚筒涂刷时，应先横向涂刷，然后再纵向滚压，将涂料赶开、涂平。滚涂顺序一般为从上到下，从左到右，先远后近，先边角、棱角、小面后大面。要求厚薄均匀，防止涂料过多流坠。滚筒刷涂不到有阴角处，需用毛刷补充，不得漏涂。要随时剔除粘在墙上的滚筒毛。一面墙要一气呵成，避免刷迹重叠现象，沾污到其他部位的涂料要及时用清水擦净。第二遍涂料施工后，一般需干燥 4 h 以上待前一遍漆膜干燥后，才能进行下道磨光工序。如遇天气潮湿，应适当延长间隔干燥时间。打磨时用力要轻而匀，不得磨穿涂层，并将表面清扫干净。

3）涂刷面层。一般为两遍喷涂（薄涂），第一遍充分干燥后进行第二遍。喷涂前应预先在局部墙面上进行试喷，以确定基层与涂料的相容情况，并同时确定合适的涂布量。喷涂时，喷枪嘴应始终保持与装饰表面垂直（尤其在阴角处），距离为 0.3~0.5 m（根据装修面大小调整），喷枪呈 Z 形向前推进，横纵交叉进行。喷枪移动要平衡，涂布量要一致，不得时停时移，跳跃前进，以免发生堆料、流挂或漏喷现象。

4）清扫。清除遮挡、保护物，清扫飞溅物料。

（4）成品保护

刚完成的涂刷的墙面要注意保持洁净。施工中尽量避免与其他工种施工共同进行，以免扬尘影响涂刷质量，涂刷完成后、漆膜干燥前严禁异物碰触。

避免现场施工工具等物磕碰。如有较明显的墙面损伤可局部刮腻子，干燥后补刷面漆。

任务评价

涂饰工程

知识点评价表

<table>
<tr><th rowspan="3">序号</th><th rowspan="3">评价内容</th><th rowspan="3">评价标准</th><th rowspan="3">配分</th><th colspan="4">评价方式</th></tr>
<tr><th>客观评价</th><th colspan="3">主观评价</th></tr>
<tr><th>系统</th><th>师评（50%）</th><th>互评（30%）</th><th>自评（20%）</th></tr>
<tr><td>1</td><td rowspan="3">预习测验</td><td>能够知道涂饰工程施工所需要的材料和工具</td><td>10</td><td></td><td></td><td></td><td></td></tr>
<tr><td>2</td><td>能简述涂饰工程施工的施工流程</td><td>10</td><td></td><td></td><td></td><td></td></tr>
<tr><td>3</td><td>能说出涂饰工程施工的施工要点</td><td>10</td><td></td><td></td><td></td><td></td></tr>
<tr><td>4</td><td rowspan="5">课堂问答</td><td>能识读涂饰工程施工构造图</td><td>10</td><td></td><td></td><td></td><td></td></tr>
<tr><td>5</td><td>能正确说出涂饰工程施工的施工流程</td><td>10</td><td></td><td></td><td></td><td></td></tr>
<tr><td>6</td><td>能正确说出涂料的种类及特点</td><td>10</td><td></td><td></td><td></td><td></td></tr>
<tr><td>7</td><td>能够说出涂料的成品保护措施</td><td>10</td><td></td><td></td><td></td><td></td></tr>
<tr><td>8</td><td>能说出涂料施工的作业条件</td><td>10</td><td></td><td></td><td></td><td></td></tr>
<tr><td>9</td><td>课后作业</td><td>能对涂料工程施工的工艺流程以及操作要点进行总结</td><td>20</td><td></td><td></td><td></td><td></td></tr>
<tr><td colspan="3">总配分</td><td colspan="5">100 分</td></tr>
</table>

技能点评价表

序号	评价内容	评价标准	配分	评价方式			
				客观评价	主观评价		
				系统	师评（50%）	互评（30%）	自评（20%）
仿真	工具选择	工具选择错误一个扣1分	10				
	材料选择	材料选择错误一个扣1分	10				
	操作步骤	操作步骤错误一步扣2分	20				
实操	表面外观	裹楞、流坠、皱皮大面无、小面明显处无	10				
	材质	木纹清晰 、棕眼刮平	10				
	表面纹理	平整、光滑	10				
	色泽	颜色基本一致，无刷纹	10				
	整体外观	无漏刷、鼓泡、脱皮、斑纹	10				
	操作步骤	操作步骤错误一步扣2分	10				
总配分			100分				

素养点评价表

序号	评价内容	评价标准	配分	评价方式			
				客观评价	主观评价		
				系统	师评（50%）	互评（30%）	自评（20%）
1	学习纪律	考勤，无迟到、早退、旷课行为	10				
2		课上积极参与互动	10				
3		尊重师长，服从任务安排	10				
4		充分做好实训准备工作	10				

续表

序号	评价内容	评价标准	配分	评价方式			
				客观评价	主观评价		
				系统	师评（50%）	互评（30%）	自评（20%）
5	卫生与环保意识	节约使用施工材料，无浪费现象	10				
6		操作时，工具和材料按要求摆放，操作台面整洁	10				
7		实训后，自觉整理台面、工具和材料	10				
8	规范意识	严格遵守实训操作规范，无违规操作	10				
9		在规定时间内完成任务	10				
10	团队意识	有团队协作意识，积极、主动与人合作	10				
否决项		违反实训室守则，在实训室内嬉戏打闹、损坏实训室设备等影响恶劣行为者，该任务职业素养记为零分	0				
总配分			100 分				

任务总结

涂饰工程质量通病预防

乳胶漆涂饰应严格按照编制好的施工方案进行施工。实际操作过程中，因乳胶漆使用材料及制品不合格、施工过程操作或管理失控、外部环境条件的影响等原因造成一些常见的质量问题，称作质量通病，如表 4-1 所示。

表 4-1　常见乳胶漆涂饰质量通病

序号	质量通病	通病图片	预防措施
1	透底		1）涂饰的遍数应根据乳胶漆的遮盖程度确定。 2）涂饰施工应保持涂料乳胶漆的稠度，不可加稀释剂过多
2	接槎明显		喷涂时，行与行之间至少重叠 1/3～1/2
3	线管槽部位的乳胶漆墙面产生裂缝		1）埋置线管外表面与原粉刷面层或原墙面的距离必须≥15 mm，并使管卡固定牢固。 2）管槽内垃圾必须清理干净，粉刷前须清理干净并浇水湿润。 3）水泥砂浆补槽时应分层抹灰，待基层强度达到50%以上，贴网格布粉刷面层水泥砂浆。粉刷层干后贴纸胶带刮腻子

任务三　裱糊工程施工

任务引入

设计师建议老王夫妇在卧室使用墙纸进行墙面装饰处理，老王认为墙纸存在霉变、脱落等隐患，拒绝了设计师的建议。今天，设计师特地拿了许多墙纸样本，给老王介绍现在墙纸的特点与性能。

墙纸具有色彩多样、图案丰富、安全环保、施工方便、价格适宜等多种其他室内装饰材料所无法比拟的特点，在室内装饰中被频繁使用。

任务分析

一、墙纸的类型

墙纸，又称为壁纸，是一种被广泛应用于室内装饰的材料。它具有色彩多样、图案丰富、豪华气派、安全环保、施工方便、价格适宜等特点，使其成为其他室内装饰材料无法比拟的选择。在欧美、东南亚、日本等发达国家和地区，墙纸已经得到了相当程度的普及。据调查了解，英国、法国、意大利、美国等国的室内装饰墙纸普及率达到了 90%以上，而在日本的普及率更是实现了 100%。墙纸的表现形式非常丰富，以适应不同的空间、场所、兴趣爱好和价格层次。选择墙纸时，我们应根据自己的需求和喜好来选择合适的类型。

1. 纸底胶面壁纸

纸底胶面壁纸（见图 4-30）的特点如下：

图 4-30　纸底胶面壁纸

（1）色彩多样，图案丰富

通过印刷和压花模具的不同设计，墙纸可以展现出各种多姿多彩的图案。多版印刷色彩的套印和各种压花纹路的配合，使墙纸图案更加丰富多样。无论是适合办公场所稳重大方的素色纸，还是适合年轻人欢快奔放的对比强烈的几何图形，墙纸都能满足不同人群的需求。有些墙纸可以呈现出山水丝竹的花纹，让人在家中也能感受到大自然的美好；有些墙纸则迎合儿童口味，带您进入奇妙的童话世界。只要设计得当，墙纸就能为您创造出随心所欲的家居气氛。

（2）价格适宜

以往步入高档星级宾馆时，我们可能会被其豪华气派所折服，希望自己的家也能同样高贵、典雅，但却因高昂的装修价格而望而却步。如今，市场上流行的国产纸底胶面壁纸售价加施工费，总价位多在 10~20 元/m^2。一间 20 m^2 的房间，只需花费几百元钱即可旧貌换新颜。此种价位特别适合工薪阶层的需求。我们的国产墙纸制造行业不断求新存异、创造流行风格，为客户的家居空间和宾馆提供更多选择。

（3）周期短

使用油漆或涂料装修墙面需要反复施工三至五次，每次间隔一天，因此至少需要一周的时间。同时，油漆和涂料中含有大量的有机溶剂，吸入体内可能会对人体健康产生影响，因此入住之前需保持室内通风 10 天以上。这样一来，从装修到完工至少需要半个月。相比之下，使用壁纸装修可以大大缩短周期。一套三室一厅的住房，由专业的壁纸施工人员张贴壁纸，只需三个人即可完成，丝毫不影响正常生活。近期，有家住上海静安新城的刘先生因出国旅行临时决定 3 月 18 日结婚，但新房室内尚未装修，距离婚期只有 10 天时间。为此，设计师向他推荐使用墙纸，结果只用两天时间就完成了墙纸张贴，从而也使刘先生的婚礼得以顺利举行。因此，重用墙纸装修房间，并委托墙纸销售单位进行设计、销售、施工一条龙服务，将会使烦琐的装修步骤变得非常简单、轻松。

（4）耐脏、耐擦洗

如果家里的孩子喜欢创作，经常在墙上“公布”最新作品，那么可能会担心墙面上的污渍和痕迹不好清理。但是，如果选择了胶面墙纸，那么就不必为墙纸的清洁而烦恼了。胶面墙纸具有耐脏、耐擦洗的特性，只需要用海绵蘸清水或清洁剂擦拭，就可以轻松除去污渍。即便反复擦拭，也不会影响家庭墙面的美观大方。

此外，胶面壁纸还能满足防火、防霉、抗菌的特殊需求。

2. 布底胶面壁纸

布底胶面壁纸（见图 4-31）分为十字布底和无纺布底。

3. 壁布

壁布（见图 4-32）又称纺织壁纸，表面为纺织材料，也可以印花、压纹。

图 4-31　布底胶面壁纸

图 4-32　壁布

（1）壁布的特点

视觉舒适、触感柔和、吸声、透气、亲和性佳、典雅、高贵。

（2）壁布的种类

1）纱线壁布：用不同式样的纱或线构成图案和色彩。

2）织布类壁纸：有平织布面、提花布面和无纺布面。

3）植绒壁布：将短纤维植入底纸，产生质感极佳的绒布效果。

4. 金属类壁纸

金属类壁纸（见图 4-33）是指用铝箔制成的特殊壁纸，以金色、银色为主要色系。其主要特点为防火、防水、华丽、高贵。

图 4-33　金属类壁纸

5. 天然材质类壁纸

天然材质类壁纸通常用天然材质如草、木、藤、竹、叶材纺织而成，其特点是亲切自然、休闲、舒适、环保。

天然材质类壁纸包括：①植物纺织类；②软木树皮类；③石材、细砂类。

6. 防火壁纸

防火壁纸用防火材质纺织而成，常用玻璃纤维或石棉纤维纺织而成。其特点是防火性极佳，防水、防霉，常用于机场或公共建设。

7. 特殊效果壁纸

1）荧光壁纸：在印墨中加有荧光剂，在夜间会发光，常用于娱乐空间。

2）夜光壁纸：使用吸光印墨，白天吸收光能，在夜间发光，常用于儿童居室。

3）防菌壁纸：经过防菌处理，可以防止霉菌滋长，适合用于医院、病房。

4）吸声壁纸：使用吸声材质，可防止回声，适用于剧院、音乐厅、会议中心。

5）防静电壁纸：用于特殊需要防静电场所，如实验室等。

二、墙纸发展趋势

墙纸作为家居饰品的一种，其发展趋势备受关注。当前，家居饰品在中国尚处于萌芽发展阶段，而墙纸则是一个新兴事物。随着人们对生活质量和品位的追求，墙纸的发展势必会得到进一步推动。选择一幅时尚个性的墙纸，不仅能为家居营造独特的氛围，更能满足人们对家装温馨和时尚的需求。作为一个私密场所，家对于现代人来说十分重要，如何将家装扮的更加温馨和时尚是越来越多人的需求。墙纸作为家居饰品的一种，正好能满足这样的需求。它不仅能为家居增添美感，还能表达主人的个性和品味。如今，人们在传统墙纸的基础上，推陈出新，应用现代科学技术成就，陆续研制出一系列新品种。

1. 聚氯乙烯塑料墙纸

聚氯乙烯塑料墙纸是以纸为基材，聚氯乙烯塑料薄膜为面层，通过复合、印合、印花、压花等工序制成。它具有美观、耐用、伸缩性强、耐裂强度高等特点，可制成各种图案及凹凸纹，富有很强的质感。此外，聚氯乙烯塑料墙纸强度高，易于粘贴，陈旧后也易于更换，表面不吸水，可用布擦洗。其缺点是透气性较差，时间一长会渐渐老化，并或多或少地对人体的健康产生副作用。塑料墙纸仍然是目前发展迅速、应用广泛的一种墙纸。

2. 玻璃纤维印花墙纸

玻璃纤维印花墙纸（见图 4-34）是以玻璃纤维布为基材，经过表面涂以耐磨树脂、印上彩色图案等多道工序而制成的高品质装饰材料。其色彩鲜艳、花色繁多，不仅美观大方，而且具有不褪色、不老化、防火、耐磨等多种特点。

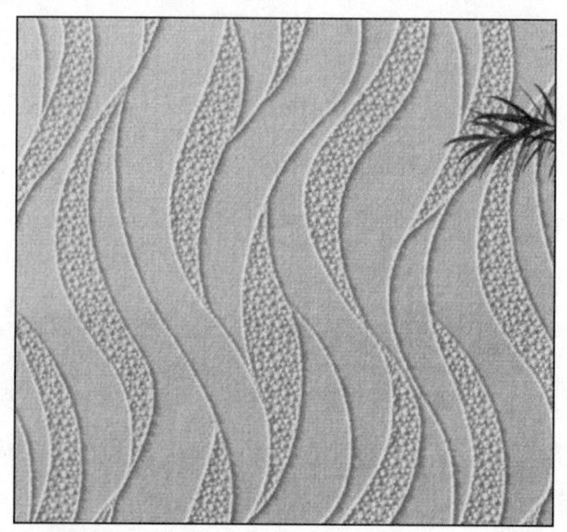

图 4-34　玻璃纤维印花墙纸

3. 棉质墙纸

棉质墙纸以纯棉平布经过前期处理、印花、涂层制作而成。具有强度高、静电小、无光、吸声、无毒、无味、耐用、花色美丽大方等特点，适用于较高级的居室装饰。

4. 织物墙纸

织物墙纸（见图 4-35）用天然纤维如丝、毛、棉、麻等经过无纺成型、上树脂、印制彩色花纹而成。这种贴墙材料具有多项优点，如挺括、富有弹性、不易折断、纤维不老化、色彩鲜艳、粘贴方便等。此外，它还具有一定的透气性和防潮性、耐磨、不易褪色等特点。然而，这种墙纸表面容易积尘，不易擦洗。

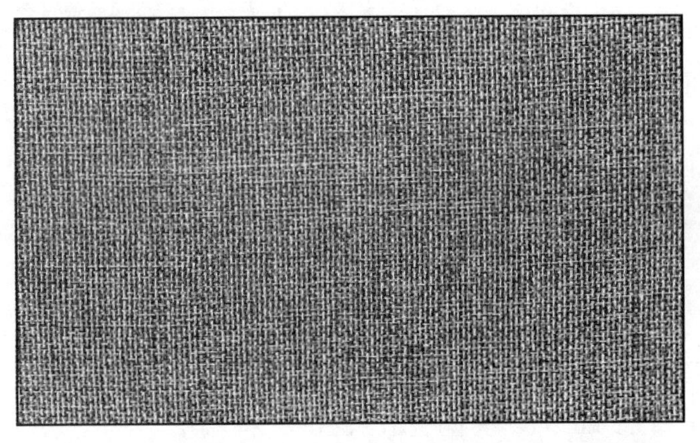

图 4-35 织物墙纸

5. 化纤墙纸

化纤墙纸是以化纤为基材，经一定处理后印花而成。具有无毒、无味、透气、防潮、耐磨、无分层等优点，适用于一般住宅墙面装饰。

6. 天然材面墙纸

天然材面墙纸以纸为基材，以编织的麻、草为面层经复合加工而制成。这种墙纸具有阻燃、吸声、透气、散潮湿、不变形等优点。与传统的墙纸相比，这种墙纸更具有自然、朴素、粗犷的大自然之美，富有浓厚的田园气息。它可以给人以置身于自然原野之中的感受，让人感受到大自然的美好与宁静。

7. 纸基涂塑壁纸

纸基涂塑壁纸以纸为基材，采用高分子乳液涂布面层，通过印花、压纹等工序制成。它具有防水、耐擦、透气性好、花色丰富多彩等特点，而且使用方便、操作简便、工期短、工效高、成本低。因此，它适用于一般家庭的墙面装饰。

8. 健康型环保墙纸

健康型环保墙纸采用天然植物粗纤维，经过科学精制而成。其表面富有弹性，具有隔声、隔热、保温等功能，同时手感柔软、舒适。最重要的是，它无毒、无害、无异味，透气性好，纸型稳定，随时可以擦洗，使用寿命比普通墙纸长两倍以上。因此，这种新型墙纸备受人们推崇，被认为将成为未来一段时期装饰材料市场的主流产品。

9. 吸湿墙纸

日本发明了一种能吸湿的墙纸，它的表面布满了无数的微小毛孔，1 m^2 可吸收 100 mL 的水分。这是洗脸间墙壁的理想装饰品。

10. 杀虫墙纸

美国发明一种能杀虫的墙纸，苍蝇、蚊子、蟑螂等害虫只要接触到这种墙纸，很快便会被杀死，它的杀虫效力可保持 5 年。该墙纸可以擦洗，不怕水蒸气和化学物质。

11. 调温墙纸

英国成功研制出一种能够自动调节室内温度的墙纸。这种墙纸由三层组成，靠墙的里层是绝热层；中间是一种特殊的调温层，它是由经过化学处理的纤维所构成；最外层上则有无数细孔并印有装饰图案。这种美观的墙纸能够自动调节室内温度，保持空气宜人。

12. 防霉墙纸

在日光难以照射到的房屋，如北边房间、更衣室、洗浴间以及一些低矮、阴暗的房间，使用这种日本研制的含有防腐剂的墙纸，能有效防霉、防潮。

13. 保温隔热墙纸

德国最近生产出一种特殊的墙纸，具有隔热和保热的性能。这种墙纸只有 3 mm 厚，其保温效果则相当于 27 cm 厚的石头墙。

14. 暖气墙纸

英国研制成功一种能够散发热量的墙纸，这种墙纸上涂有一层奇特的油漆涂料，通电后涂料能将电能转化为热量，散发出暖气，适宜冬天贴用。

15. 戒烟墙纸

美国公司推出了一款创新的墙纸产品，可以帮助人们戒烟。据悉，只要在房间内贴上这种墙纸，吸烟者就会感到香烟并不“香”，反而会产生恶心感，从而促使他们戒烟。这种墙纸在制作过程中加入了几种特殊的化学物质，能够持久地散发出一种特殊气味。一旦有人吸烟，这种气体就能刺激吸烟者的感觉系统，产生厌恶香烟的感觉。

三、墙纸的特点

1）造价比乳胶漆相对贵。

2）施工水平和质量不易控制。

3）档次比较低、材质比较差的壁纸环保性差，对室内环境有污染。

4）一些壁纸色牢度较差，不宜擦洗。

5）印刷工艺低的壁纸时间长了会有褪色现象，尤其是日光经常照的地方。

6）不透气材质的壁纸容易翘边，墙体潮气大，时间久了容易发霉脱层。

7）大部分壁纸再更换需要撕掉并重新处理墙面，比较麻烦。

8）收缩度不能控制的纸浆壁纸需要搭边粘贴，会显出一条条搭边竖条，整体视觉感有影响（仅限复合纸墙纸，Duplex Wallpaper）。

9）颜色深的纯色壁纸容易显接缝。

四、防霉和伸缩性的处理

墙纸的施工，最关键的技术是防霉和伸缩性的处理。

1. 防霉的处理

墙纸张贴前，需要对基面进行处理。处理方式为使用双飞粉加熟胶粉进行批烫整平，待其完全干透后，再刷上一至两遍清漆。

2. 伸缩性的处理

墙纸的伸缩性一直是一个老生常谈的难题，要想解决就必须从预防着手。施工过程中，一定要预留 0.5 mm 的重叠层，这样能够有效地避免墙纸出现伸缩问题。有些人为了追求美观会取消这个重叠层，这是不可取的，这样做会导致墙纸容易出现开裂等问题。此外，我们在选购墙纸时也要尽量选择伸缩性较好的产品。

五、纸质壁纸的施工方法

1）纸质壁纸比较脆弱，施工时应格外小心。

2）施工前将指甲剪干净，以免指甲在壁纸上留下划痕。

3）施工前保持壁纸的平整、干净。

4）不能用水清洗表面，若发现有污渍，应用海绵吸水后，拧掉一部分水分，保持一定的湿度，然后轻轻擦拭。

5）纸质壁纸决不可放在水中浸泡。

6）注意不要让任何胶粘水贴到壁纸表面，否则会使壁纸产生变色或脱落。

7）一旦胶水粘在壁纸表面，应立即用海绵清洗，若待胶水干后再擦，会破坏印刷表面。

8）胶水调配与其他壁纸相比浓度应稀一些，便于施工。

9）纸质上胶后膨胀系数大，贴上墙干后，接缝处容易收缩开裂。解决办法有两种：

在上墙要干时，用湿海绵从中间开始擦拭壁纸表面，每幅接缝处留 2~3 cm 不要擦水；

在接缝处加白胶或强力胶。

六、纱线壁布、无纺布、编织类壁布施工方法

1）由于壁布本身会吸水，故胶水配制应浓厚，使其流动性降低，还应在胶水中加入适量的白胶，以增加黏着力，直接在墙面上胶。

2）不可使用硬质刮板或尼龙刷，而使用软毛刷由上往下轻压，将壁布贴于墙面。

3）保持双手的清洁，小心上胶，不要污染壁布表面，若有胶水溢出要立即用海绵吸除。

4）在贴之前，应在壁布边缘用双面胶贴掉一段，加长壁布的宽度，以免壁布边缘受胶水污染。

5）万一壁布表面受污染，只能将污染处依宽幅大小裁掉一单元。

6）用毛刷轻轻赶出气泡，不可太用力，以免破坏壁布的面料，尤其是在张贴纱线类壁布时，因其表面脆弱要小心操作。

7）避免在阴角处重叠切割壁布，并且不能在阳角处剪裁壁布，以免引起阳角处壁布翘边。

8）若表面有灰尘，应用软毛刷子轻拂，不可用湿毛巾擦拭造成污渍扩大。

七、花纸的拼接

1）拼缝的要求。对接拼搭好的墙与壁纸的搭接应当进行合理安排。一般情况下，对于有挂镜线的房间，应以挂镜线为界进行搭接；而对于无挂镜线的房间，则以弹线为准进行搭接。

2）拼接时的技巧。为了确保墙纸在贴上墙后不会出现明显的接缝，我们需要让底纸达到最大的收缩饱和度。因为如果底纸在上墙后因为干燥而收缩，接缝就会变得非常明显。贴墙纸前，我们必须让底纸胀到最大，并在贴墙纸时尽可能地将接缝处拼牢。这样，在干燥后，接缝处就不会那么明显了。

花形拼接如出现困难，接槎应尽量甩到不显眼的阴角处，大面不应出现接槎和花形混乱的现象。

八、裱糊类墙柱饰面的基本构造

裱糊类装饰构造是一种常见的粘贴分层构造形式。其构造过程需要注意选用不同的胶粘剂以及裱糊方法，以便粘贴不同面层的材料。与涂料装饰构造相比，裱糊类装饰构造的面层材料不同。在进行各基层处理后，需要使用胶粘剂将壁纸等面料粘贴到基层上，并等待其固化。这样，面料表面因干缩变形将面料绷紧、拉平，从而达到理想的效果。在进行裱糊类装饰构造时，需要注意花纹图案的拼接，接缝不得有痕迹，以免影响整体美观度。此外，内墙上部需要使用挂镜线收边，或者使用吊顶下皮遮盖。

任务实施

一、任务准备

通过对裱糊工程施工项目的学习与了解，在施工现场对裱糊工程施工项目进行实操训练。

1）分组练习：每5人为一个小组，按照施工方法与步骤认真进行技能实操训练。

2）组内讨论、组间对比：组员之间可就有关施工的方法、步骤和要求进行相互讨论与观摩，以提高实操练习的质量与效率。

二、材料和主要机具的准备

1. 材料的准备

1）壁纸：应符合设计要求和相应的国家标准。

2）壁纸胶：壁纸胶有两种：一种是胶浆+胶粉配套使用的，如图4-36所示；一种是糯米胶，如图4-36所示，环保但价格较高。

3）嵌缝腻子、网格布等，应根据设计和基层的实际需要提前备齐。

4）封闭底胶。

（a）

（b）

（c）

图4-36　材料的准备

（a）胶浆；（b）胶粉；（c）糯米胶

2. 机具的准备

所准备的工具包括水平仪、裁纸工作台、钢尺（1 m长）、壁纸刀、毛巾、塑料水桶、塑料脸盆、油工刮板、拌腻子槽、小滚轮、马鬃刷、排笔、手持搅拌器、盒尺、红铅笔、笤帚、工具袋等。主要工具如图4-37所示。

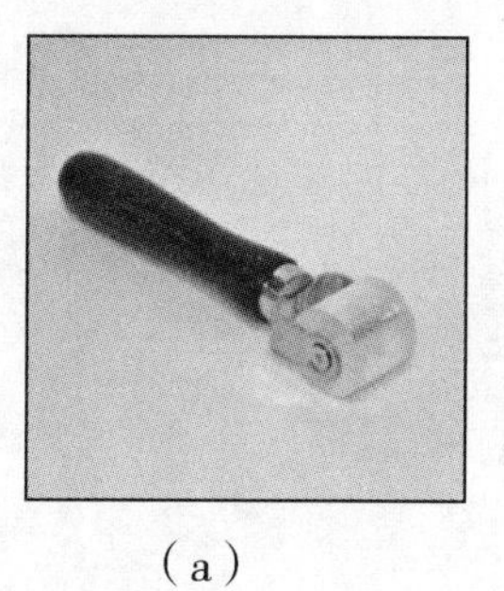
（a）

（b）

（c）

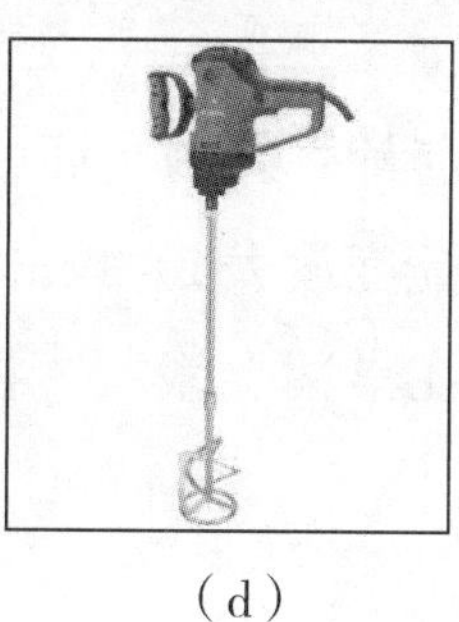
（d）

图 4-37　机具的准备

（a）小滚轮；（b）马鬃刷；（c）排笔；（d）手持搅拌器

三、施工操作

施工流程：基层处理→涂刷基膜→吊垂直、套方、找规矩、弹线→计算用料、裁纸→刷胶→裱糊→修整→成品保护。

1. 基层处理

墙面清扫干净，将表面裂缝、坑洼不平处用腻子找平。再满刮腻子，打磨平。根据需要决定刮腻子遍数。

2. 涂刷基膜

腻子找平层经过打磨并把浮灰清理干净后可以涂刷基膜，如图 4-38 所示，基膜一般在裱糊壁纸前一天涂刷，可以起到封闭基层表面的碱性物质和防止贴面吸水太快的作用，便于粘贴时揭掉墙纸，随时校正图案和对花的粘贴位置，在以后更换壁纸时不伤基层。将基膜倒入容器中。加入清水，水与基膜比例约为 1∶1，搅拌均匀，均匀涂刷墙面。

图 4-38　调配、涂刷基膜

3. 吊垂直、套方、找规矩、弹线

通过吊垂直、套方、找规矩，确定从哪个阴角开始，按照壁纸的尺寸进行分块弹线控制。每一个墙面第一幅壁纸都挂垂直线找直，作为裱糊的基准标志线，以确保第一幅壁纸垂直粘贴。

4. 计算用料、裁纸

提前计算好顶、墙粘贴壁纸的张数及长度。按已量好的墙体高度放大 2~3 cm，按其尺寸裁纸，如图 4-39 所示，一般应在桌案上裁割。将裁好的纸用湿温毛巾擦后，折好待用。

图 4-39　裁纸

5. 刷胶

1）在纸上及墙上刷胶，如图 4-40 所示。

2）从墙面阴角开始，沿垂直线吊直铺贴第一张，如图 4-41 所示。

3）用手铺平，刮板刮实，并用小辊子将上、下阴角处压实。

4）要自上而下对缝，拼花端正，如图 4-42 所示。

5）将挤出的胶液用湿温毛巾擦净，如图 4-43 所示。

图 4-40　滚涂胶水

图 4-41　吊直铺贴第一张

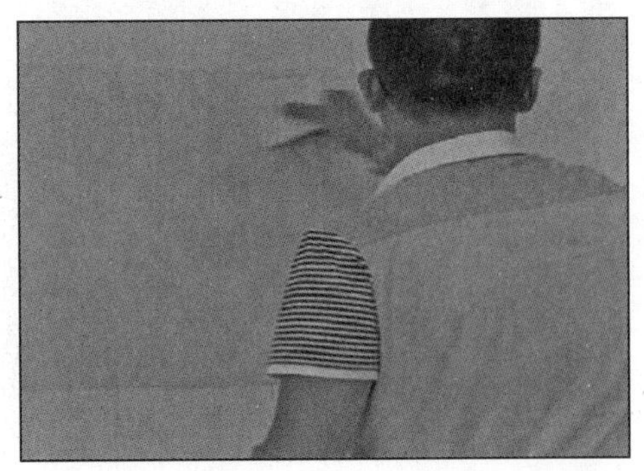

图 4-42　批刮平整

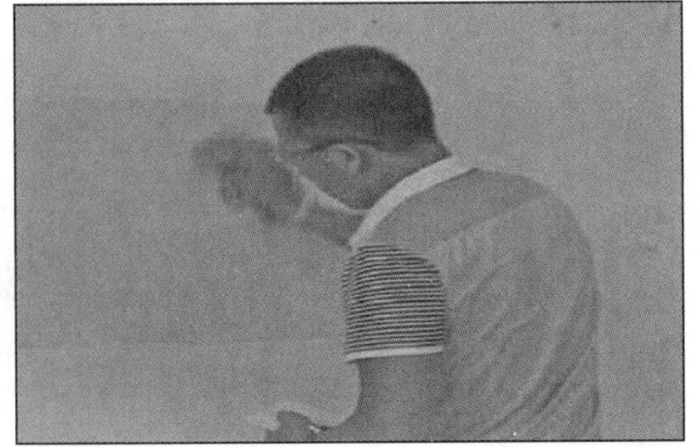

图 4-43　擦拭胶痕

6. 裱糊

壁纸裱糊原则：先上后下，先垂直后水平，先高后低。

糊纸时从墙的阴角开始铺贴第一张，按已画好的垂直线吊直，并从上往下用手铺平，刮板刮实，并用小辊子将上、下阴角处压实。第一张粘好留 1~2 cm（应拐过阴角约 2 cm），然后粘铺第二张，依同法压平、压实，与第一张搭槎 1~2 cm，要自上而下对缝，拼花要端正，用刮板刮平，用钢板尺在第一二张搭槎处切割开，将纸边撕去，边槎处带胶压实，并及时将挤出的胶液用湿润毛巾擦净，如图 4-44 所示。

墙面上遇有开关、插座时，应在其位置上破纸作为标记。在裱糊时，阳角不允许甩槎接缝，阴角处必须裁纸搭缝，不允许整张纸铺贴，避免产生空鼓与皱折。

植绒壁纸、砂粒壁纸、刺绣壁纸等表面有绒毛、颗粒的壁纸正面不要粘到胶或水，不能用刮板刮，应用马鬃刷刷平。

（a）　（b）　（c）

（d）　（e）

图 4-44　裱糊施工

（a）找垂直；（b）铺贴壁纸；（c）对花；（d）刮平；（e）裁切多余壁纸

7. 修整

1）壁纸边挤出的胶液要立即用毛巾擦净，以免干后不好清理留下胶痕。

2）裱糊过程中如果遇到墙面有拆不下来的设备或附件时，可将壁纸轻轻糊在墙面突出的物件处，找到中心点；然后，从中心沿对角线剪开，用刮板沿凸起物的边缘刮实，保证物件四周不留有缝隙，如图 4-45 所示。

3）死褶是由于没有顺平就杆压刮平所致。修整应在壁纸未干时，用干净毛巾热敷后刮压平整。

4）气泡主要原因是胶液涂刷不均匀、裱糊时未赶出气泡所致。可用注射用针管插入壁纸，抽出空气后，再注入适量的胶液后用橡胶刮板刮平。

5）离缝或亏纸主要原因是裁纸尺寸测量不准、裱贴不垂直。可用同色乳胶漆描补或用相同纸搭槎粘补，如离缝或亏纸较严重，则应撕掉重裱。

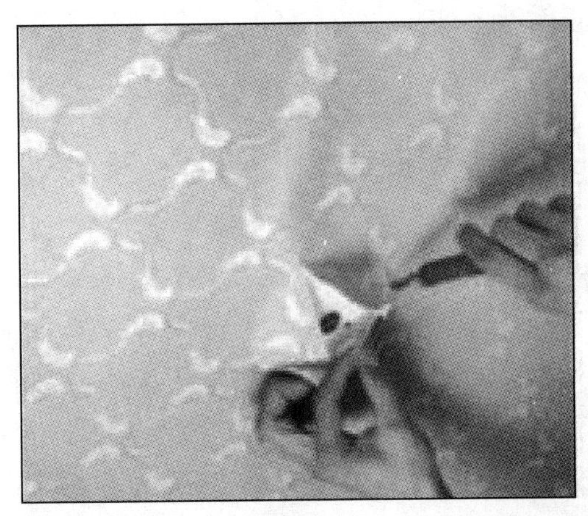
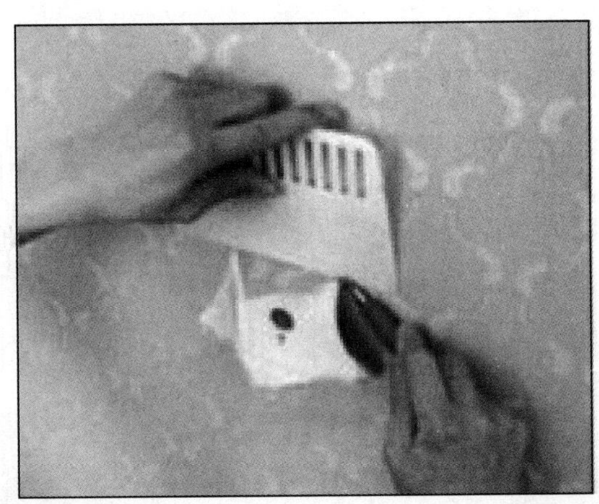

图 4-45　处理突出物

裱糊施工

8. 成品保护

1）墙纸裱糊完的房间应及时清理干净，避免污染和损坏。

2）壁纸未干时不要随意触摸墙纸。

3）壁纸裱糊完毕后关紧门窗，避免阳光直射和穿堂风，以免干燥过快起翘。

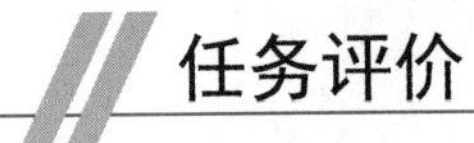

任务评价

知识点评价表

序号	评价内容	评价标准	配分	评价方式			
				客观评价	主观评价		
				系统	师评（50%）	互评（30%）	自评（20%）
1	预习测验	能够知道裱糊工程施工所需要的材料和工具	10				
2		能简述裱糊工程施工的施工流程	10				
3		能说出裱糊工程施工的施工要点	10				

续表

序号	评价内容	评价标准	配分	评价方式			
				客观评价	主观评价		
				系统	师评（50%）	互评（30%）	自评（20%）
4	课堂问答	能识读裱糊工程施工构造图	10				
5		能正确说出裱糊工程施工的施工流程	10				
6		能正确说出壁纸的类型和发展趋势	10				
7		能够说出不同壁纸的施工方法	10				
8		能说出壁纸的特点	10				
9	课后作业	能对裱糊工程施工的工艺流程以及操作要点进行总结	20				
总配分			100 分				

技能点评价表

序号	评价内容	评价标准	配分	评价方式			
				客观评价	主观评价		
				系统	师评（50%）	互评（30%）	自评（20%）
仿真	工具选择	工具选择错误一个扣 1 分	10				
	材料选择	材料选择错误一个扣 1 分	10				
	操作步骤	操作步骤错误一步扣 2 分	20				
实操	表面平整度	≤3 mm，用 2 m 靠尺和塞尺检查	20				
	立面垂直度	≤3 mm，用 2 m 靠尺和塞尺检查	20				
	阴阳角方正	≤3 mm，用 200 mm 直角检测尺检查	20				
总配分			100 分				

素养点评价表

序号	评价内容	评价标准	配分	评价方式			
				客观评价	主观评价		
				系统	师评（50%）	互评（30%）	自评（20%）
1	学习纪律	考勤，无迟到、早退、旷课行为	10				
2		课上积极参与互动	10				
3		尊重师长，服从任务安排	10				
4		充分做好实训准备工作	10				
5	卫生与环保意识	节约使用施工材料，无浪费现象	10				
6		操作时，工具和材料按要求摆放，操作台面整洁	10				
7		实训后，自觉整理台面、工具和材料	10				
8	规范意识	严格遵守实训操作规范，无违规操作	10				
9		在规定时间内完成任务	10				
10	团队意识	有团队协作意识，积极、主动与人合作	10				
否决项		违反实训室守则，在实训室内嬉戏打闹、损坏实训室设备等影响恶劣行为者，该任务职业素养记为零分	0				
总配分			100分				

任务总结

裱糊类饰面工程质量通病的防治

1. 腻子裂纹

（1）现象

在裱糊基层表面刮抹的腻子，部分或大部分可能会出现小裂纹。特别是在凹陷处，裂纹可能会更加严重，甚至可能会导致腻子脱落。

（2）原因

1）腻子胶性小，稠度较大，失水快，使腻子面层出现裂缝。

2）凹陷坑洼处的灰尘、杂物未清理干净，粘结不牢。

3）凹陷孔洞较大时，刮抹的腻子有缺陷，形成干缩裂纹。

（3）防治措施

1）腻子稠度适中，胶液应略多一点。

2）对空洞凹陷处应特别注意清除灰尘、浮土，并涂一遍胶粘剂。

3）对裂纹大且已脱离基层的腻子要铲除干净，处理后重新刮一遍腻子。

2. 表面粗糙，有疙瘩

（1）现象

表面有凸起或颗粒，不光洁。

（2）原因

1）基层表面污物未处理干净；凸起部分未处理平整；砂纸打磨不够或漏磨。

2）使用的工具未清理干净，有杂物混入材料中。

3）操作现场周围灰尘飞扬或有污物落在刚粉饰的表面上。

4）基层表面太干燥，施工环境温度较高。

（3）防治措施

1）清除基层表面污物，腻子疤等凸起部分要用砂纸打磨平整。

2）操作现场及使用材料、工具等应保持洁净，以防止污物混入腻子或胶粘剂中。

3）表面粗糙的粉饰，要用细砂纸打磨光滑并上底油。

3. 颜色不一致

（1）现象

在同一面墙或同一房间内壁纸颜色不一致。

（2）原因

1）壁纸材质差，颜色不一致或容易褪色。

2）基层潮湿，遇到日光暴晒使壁纸表面颜色发白变浅。

3）基层色泽深浅不一，壁纸太薄。

（3）防治措施

1）选用不易褪色且较厚的壁纸。

2）基层含水率小于 8%时才能裱糊，并避免在阳光直射下裱糊。

3）基层颜色较深时，应选用颜色深、花饰大的壁纸。

案例讨论

在建筑领域，每一项工程都关乎着民生福祉与社会的稳定发展。某住宅楼在主体完工后，按部就班地进行墙面抹灰工作，所采用的是某水泥厂生产的 32.5 级水泥。施工过程中，工艺严格遵循着规范要求，每一个环节都力争做到一丝不苟，最终验收合格。

然而，令人意想不到的是，在短短两个月内，该工程的墙面抹灰相继暴露出严重的质量问题。墙面开始出现开裂，并且这种裂缝迅速蔓延发展，从墙面的某一点产生膨胀变形，逐渐形成不规则的放射状裂缝。最终，多点裂缝相互贯通，犹如典型的龟状裂缝，不仅如此，还出现了空鼓现象，抹灰层与墙体彻底产生剥离。

经过深入查证，发现导致这一严重问题的根源在于该工程所用水泥中氧化镁含量严重超标，致使水泥的安定性不合格。而施工单位在工作中严重失职，未对水泥进行严格的进场检验就直接投入使用，这种不负责任的行为，最终造成了大面积的空鼓、开裂。

这一事件为我们敲响了警钟。它让我们深刻认识到，在工作中，我们一定要踏踏实实，绝不能抱有丝毫的侥幸心理。就如同我们在社会主义建设的道路上，每一步都需要稳扎稳打，以严谨、负责的态度对待每一项任务。无论是工程建设，还是国家的发展，都需要我们重视每一个小细节，把好每一道关卡。只有这样，才能避免给国家和人民造成不必要的损失，才能为实现中华民族伟大复兴的中国梦奠定坚实的基础。

在实际工作中，我们要以高度的责任感和使命感，践行社会主义核心价值观，将敬业、诚信、友善等理念融入日常工作的点点滴滴中。例如，在工程建设中，像港珠澳大桥这样的伟大工程，正是因为无数建设者们严谨认真、精益求精，不放过任何一个细节，才创造了世界桥梁建设的奇迹。我们要以他们为榜样，时刻保持对工作的敬畏之心，为国家和人民交上一份满意的答卷。

项目五

成品材料选购

思维导图

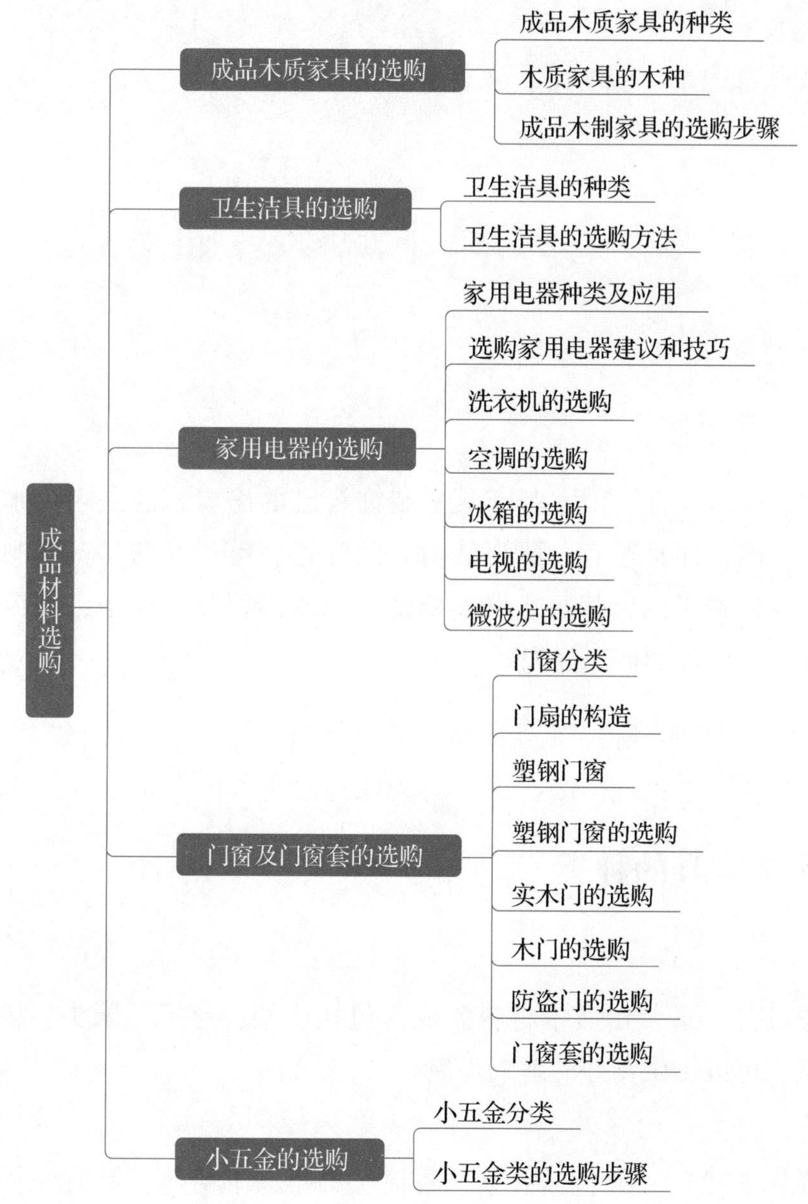
成品材料选购
成品木质家具的选购
成品木质家具的种类
木质家具的木种
成品木制家具的选购步骤
卫生洁具的选购
卫生洁具的种类
卫生洁具的选购方法
家用电器的选购
家用电器种类及应用
选购家用电器建议和技巧
洗衣机的选购
空调的选购
冰箱的选购
电视的选购
微波炉的选购
门窗及门窗套的选购
门窗分类
门扇的构造
塑钢门窗
塑钢门窗的选购
实木门的选购
木门的选购
防盗门的选购
门窗套的选购
小五金的选购
小五金分类
小五金类的选购步骤

项目目标

一、知识目标

1）阐述成品木质家具选购。

2）阐述卫生洁具的选购。

3）阐述家用电器的选购。

4）阐述门窗及门窗套的选购。

5）阐述小五金的选购。

二、技能目标

能够进行成品材料的选购。

三、素养目标

养成脚踏实地、勇于创新的职业素养与开拓进取精神。

任务一　成品木质家具的选购

任务引入

在现代家居中，许多人喜欢用木制家具来装饰自己的房屋。这是因为木制家具不仅能为空间带来一种书香氛围，而且还有一股自然清香的味道。更重要的是，木制家具的加工比较实惠，因此深受广大消费者的青睐。老王夫妇也想用木制家具，但是，如今市场上木制家具种类繁多、品牌杂乱，应该如何选择呢？

任务分析

一、成品木质家具的种类

1. 实木床

实木床（见图5-1）通常由实木材料制成，包括床架、床板、床头、床尾等部分，具有稳固、舒适的特点，可以提供良好的睡眠环境。

2. 实木桌椅

实木桌椅（见图5-2）一般包括餐桌、餐椅、书桌、书椅等，具有坚固耐用、美观实用的特点，适合用于餐厅、书房、办公室等场所。

图 5–1　实木床

图 5–2　实木桌椅

3. 实木沙发

实木沙发（见图 5–3）通常由实木骨架和软包装饰面料组成，具有舒适、耐用、质感丰富的特点，是客厅、休闲室等场所常见的家具。

4. 实木柜类

实木柜类（见图 5–4）家具包括衣柜、书柜、酒柜、电视柜等，具有储物、陈列和装饰的功能，可以满足不同空间的存储和展示需求。

图 5–3　实木沙发

图 5–4　实木柜类

5. 实木橱柜

实木橱柜（见图 5–5）一般用于厨房，由实木材料制成，具有耐用、环保、美观实用的特点，是高档厨房装修中常见的选择。

6. 实木餐边柜

实木餐边柜（见图 5–6）通常用于餐厅或客厅，用于放置餐具、酒杯等物品，具有实用性和装饰性。

图 5-5　实木橱柜

图 5-6　实木餐边柜

7. 实木书架

实木书架（见图 5-7）通常用于书房或办公室，用于放置书籍、文件等物品，具有坚固、耐用的特点，同时也可以是一种装饰品。

图 5-7　实木书架

8. 实木儿童家具

实木儿童家具（见图 5-8）包括儿童床、儿童桌椅、儿童衣柜等，具有安全、环保、实用的特点，适合儿童房间使用。

图 5-8　实木儿童家具

二、木质家具的木种

1. 橡木

橡木（见图 5-9）是一种硬质木材，具有坚实耐用、纹理明显、色泽较深等特点，适合用于制作家具，尤其是欧式风格的家具。

2. 桃花心木

桃花心木（见图 5-10）又称核桃木，是一种质地坚硬、密度大、纹理美丽的木材，具有高度的稳定性和耐久性，适合用于制作高档家具。

图 5-9　橡木

图 5-10　桃花心木

3. 樱桃木

樱桃木（见图 5-11）质地坚硬、纹理美丽，深红色到暗褐色，适合用于制作高质量的实木家具，尤其是欧美风格的家具。

4. 胡桃木

胡桃木（见图 5-12）质地硬、密度大，深褐色并具有丰富的木纹，常用于制作高档家具，尤其是现代和复古风格的家具。

图 5-11　樱桃木

图 5-12　胡桃木

5. 松木

松木（见图 5-13）是一种软质木材，质地较轻，纹理简单，适合制作轻质家具，如儿童家具、床架等。

6. 榉木

榉木（见图 5-14）是一种质地坚硬、颜色淡黄的木材，具有较好的稳定性和耐久性，适合用于制作家具，尤其是北欧风格的家具。

图 5-13　松木

图 5-14　榉木

除了以上几种木材外，实木家具还可以采用其他木种，如梧桐木、杉木、柚木、榆木等，如图 5-15 所示。

图 5-15　几种木材

(a) 梧桐木；(b) 杉木；(c) 柚木；(d) 榆木

任务实施

成品木制家具的选购步骤

1. 确认材料

首先，要确认家具是否采用实木材料制作，因为市场上也有很多仿木家具。可以通过触摸表面，检查木纹是否自然、清晰。此外，可以打开家具的抽屉或门板，检查内部是否也是实木结构。

2. 查看工艺

检查家具的工艺是否精细。好的家具会采用高质量的加工工艺，如平滑的接缝、均匀的涂漆等。还可以注意家具的拼接处，是否结实、牢固。

3. 选择天然环保材料

要关注家具使用的木材是否来自可持续发展的森林，如获得 FSC（森林管理委员会）认证的木材。此外，应避免使用过多的胶合板、刨花板等人造板材，因为这些板材中的胶粘剂会释放甲醛等有害物质，对健康造成危害。

4. 检查涂层

如果家具进行了漆面处理，需要确保所使用的涂料环保、无毒。可以闻一下家具是否有刺鼻的化学气味。另外，还需检查涂层是否均匀、无气泡、无起皮，以保证家具的质量和使用寿命。

5. 观察结构

家具的结构也很重要。可以仔细观察家具的连接部位，如榫卯和螺钉。良好的结构设计能够确保家具的稳固性和耐久性，避免使用过程中出现松动、变形等问题。

6. 考虑健康因素

选购家具时，需要考虑到人体工学的因素。选择符合人体工学原理的家具，例如符合人体脊椎曲线的椅子、高度适宜的桌子等，能够为身体提供更好的支撑和舒适度，减轻长时间使用的疲劳感。此外，还需要关注家具的尺寸是否适合使用者的身体尺寸，以及在使用过程中是否会对身体造成不利影响。

7. 参考口碑和品牌信誉

了解家具品牌的口碑和信誉很重要。可以通过互联网搜索、咨询朋友或者阅读消费者评价等途径获取信息。优质的品牌通常会有更好的产品质量和售后服务，能够为消费者提供更好的购买体验和使用保障。

8. 注意尺寸和实用性

购买家具前，需要先测量好家具安放的空间，确保尺寸合适。此外，考虑到日常使用的实际需求，选择具备足够储物空间和功能性的家具，能够提高家具的实用性和舒适度。

总之，在选购实木家具时，需要注意材料、工艺、环保性、涂层、结构、健康因素等多个方面。通过仔细观察、比较，选择优质、环保的实木家具，能够为家居环境营造健康、舒适的氛围，同时也是一种对家人健康的关注和呵护。

任务评价

知识点评价表

序号	评价内容	评价标准	配分	评价方式			
				客观评价	主观评价		
				系统	师评（50%）	互评（30%）	自评（20%）
1	预习测验	能够知道木制家具的种类	10				
2		能够知道木制家具的木种	10				
3		能够知道从哪些方面来选购木制家具	10				
4	课堂问答	能简述木制家具的种类	10				
5		能简述木制家具的选购原则	10				
6		能正确说出木制家具的不同木种的特点	10				
7		能简述选购木制家具时健康因素的重要性	10				
8		能简述选购木制家具时注意尺寸和适用性的重要性	10				
9	课后作业	能应用所学知识对木制家具进行选购	20				
总配分			100 分				

素养点评价表

序号	评价内容	评价标准	配分	评价方式			
				客观评价	主观评价		
				系统	师评（50%）	互评（30%）	自评（20%）
1	学习纪律	考勤，无迟到、早退、旷课行为	20				
2		课上积极参与互动	20				
3		尊重师长，服从任务安排	20				
4	团队意识	有团队协作意识，积极、主动与人合作	20				
5	创新意识	能够根据现有知识举一反三	20				
否决项		违反教室守则，在教室内嬉戏打闹、损坏教室设备等影响恶劣行为者，该任务职业素养记为零分	0				
总配分			100 分				

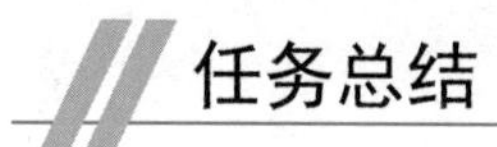

任务总结

三种实木家具常用的木材

1. 柚木

实木家具的木材中，排在第一名的是很多人公认的柚木。

柚木，一般主要是指产在缅甸或者是泰国的柚木。当然，现在泰国的柚木已经越来越少了，且禁止采伐、出口，所以，我们国家所使用的柚木以缅甸产地为主。

柚木由于其生长的环境以及木材本身的特性，是非常适合用于制作实木家具的。

因为经过这么多年的使用实践，发现柚木制作实木家具不仅好看，而且有很多优点，如图 5-16 所示。

具体的优点，表现在以下两个方面：

图 5-16 柚木制实木家具

1）性能好。柚木木质本身含油是非常丰富的，所以它具有非常好的防潮性能、防虫性能、防蛀性能以及耐腐蚀性能。总而言之，就是非常耐用。

2）效果好。由于柚木本身木材的特性，给人的感觉就是非常大气，非常自然。因为柚木都有特殊的微针孔的结构，而且这个结构会使木材的稳定性得到保证。

◇小贴士

上面给大家说了，柚木一般是缅甸产的柚木。但是，由于其价格相对较高，所以有可能会出现非洲柚木、金丝柚木、亚洲柚木以及黄金柚木等。

2. 北美黑胡桃木

制作实木家具，第二种比较常用也非常好的木材，就是北美黑胡桃。

北美黑胡桃，可以说是实木中的一个经典的木材。有很多的家具都是使用北美黑胡桃制作的，如图 5-17 所示。

北美黑胡桃由于木材本身的优秀特性以及出色的纹理效果，应用范围非常广。

现在有很多设计师所使用的木质产品，大多是北美黑胡桃。

北美黑胡桃之所以被广泛使用，并被不断称赞，主要是以下原因：

1）北美黑胡桃木材非常细腻，纹路大方。像北美黑胡桃的木地板，给人的感觉就是精致中带着大气。

2）家具的稳定性好。其实这一点与柚木非常相似，因为黑胡桃和柚木一样，它的生长是

图 5-17　北美黑胡桃制家具

非常缓慢的，所以木材内部结构非常稳定。

3）搭配效果好。北美黑胡桃的纹路，几乎可以与室内所有的装修风格相搭，是一种百搭的木材。无论我们家里是怎么装修的，有多大面积，都可以用北美黑胡桃。北美黑胡桃做出来的家具，都很出彩。

◇小贴士

北美黑胡桃在很多方面都具有优势，也导致了一些假冒伪劣产品的出现。例如有南美胡桃木、黄金胡桃木、非洲黑胡桃和核桃木等。

3. 北美樱桃木

第三种可以用来制作实木家具，且非常好用的木材就是樱桃木，如图 5-18 所示。

当然了，大家一定要区分清楚这里所说的樱桃木，并不是我们家乡樱桃的木材，而主要是指北美樱桃木。

北美樱桃木同样由于其生长的地理环境的特点，也决定了这种木材无论是纹理还是本身的特性都是非常不错的。

北美樱桃木具有以下优势：

1）纹路好。比如使用北美樱桃木做出来的家具，给人第一眼的感觉就是特别细腻、柔和，让人能产生一种亲切感。

2）非常好搭配。因为北美樱桃木的纹路，非常优雅、从容，可以搭配出很好的装修效果。例如目前流行的原木风、奶油风、复古风、文艺风，都是很不错的。

图 5-18　北美樱桃木制家具

3）颜色的变化，更让人非常钟爱北美樱桃木家具。它的颜色有个变化过程，一般是由浅慢慢变深，之后才稳定。所以，旧的北美樱桃木家具显得特别厚重，更有韵味。

◇小贴士

由于北美樱桃木的家具比较好，所以也有一些木材来冒充。例如比较常见的有欧洲樱桃木、西南的桦木，因为它们长得确实很像。

任务二　卫生洁具的选购

任务引入

老王夫妇对于卫生洁具的选购有很多个人喜好倾向，因此设计师也向老王夫妇介绍了当前流行的、性价比较高的几大卫生洁具品牌以及产品。

随着生活水平的提高，卫生间的装饰越来越受到人们的关注。洁具的发展也变得越来越多元化，无论是功能还是材质都在不断创新，为人们的生活带来了极大的便利和享受。

任务分析

卫生洁具的种类

1. 洁面盆

洁面盆（见图 5-19）又称洗手盆、面盆，材质多种多样，包括玻璃、陶瓷、不锈钢和人造石等，既实用又有装饰作用。安装方式有台式面盆、立柱式面盆和挂式面盆三种。从造型上可分为圆形、方形、长方形和多边形等多种形式。

图 5-19 洁面盆

2. 坐便器

坐便器（见图 5-20）也叫抽水马桶，是一种取代传统蹲便器的洁具。按照造型可分为分体式和连体式两种，按照冲水方式可分为虹吸式和直冲式。

图 5-20 坐便器

3. 妇洗器

妇洗器是一种专为女性设计的洁具用品，可用于快速清洗局部。它适合那些没有足够时间淋浴的人，以及那些患有痔疮、疹等疾病的人使用。妇洗器包括台盆和水龙头两部分，水龙头有冷水和热水两种选择，款式分为直喷式和下喷式。

4. 小便斗

小便斗是专供男士如厕使用的一种洁具。按安装方式可以分为落地式（带感应器和不带感应器）和壁挂式（带感应器和不带感应器）；按用水量可以分为普通型（5 L 以下）和节水型（3 L 以下）。

5. 浴缸

浴缸（见图 5-21）并非必备的洁具，但却能让人放松一天的疲惫，适合摆放在比较宽敞的卫浴间。浴缸材质可分为亚克力、钢板、铸铁、陶瓷、仿大理石、玻璃钢板、木质等。亚克力、钢板和铸铁材质的浴缸是主流产品，铸铁的档次最高，亚克力和钢板的次之。

6. 淋浴房

淋浴房（见图 5–22）能够实现卫浴间的干湿分离，提升卫生性，让卫浴间变得更易清洁。常见的造型有方形、圆形、扇形、钻石形等。安装淋浴房比浴缸省空间，而且淋浴房的款式和功能也越来越多，例如电脑蒸汽房以及按摩预约功能等。

图 5–21　浴缸

图 5–22　淋浴房

7. 水龙头

水龙头（见图 5–23）是每天都要使用数次的洁具，好坏直接影响生活质量。常见的材料有金属、陶瓷、合金等，开合方式有扳手式、感应式、按压式等多种，阀芯材质有铜、陶瓷和不锈钢三种。不锈钢阀芯对水质要求低，经久耐用，更适合国内水质。

图 5–23　水龙头

8. 花洒

花洒（见图 5-24）是卫浴间使用频率非常高的一种洁具。按照使用方式可分为手提式花洒、头顶式花洒和体位式花洒等，按照出水方式可分为一般式、按摩式、涡轮式、强束式和轻柔式等 。常见的花洒材质有不锈钢、铜、铝合金等，其中不锈钢的耐腐蚀性和耐高温性较好，而铜的导热性和抗菌性较好。

图 5-24　花洒

任务实施

卫生洁具的选购方法

洁具是使用频率很高的家居设备，长期与水接触，因此易清洁性能非常重要。在购买时不应贪便宜，应仔细检查质量，尤其是陶瓷制品的釉面。此外，洁具的款式和颜色也应与卫浴间的风格协调一致。

1. 面盆的选购

陶瓷面盆釉面应光滑、细腻，逆光看无小的砂眼和瑕疵。玻璃面盆必须是钢化玻璃，且厚度不能小于 3 mm。人造石面盆的选择方式可参考人造石的选购方法。

2. 坐便器、妇洗器、小便斗的选购

釉面应光洁、细腻、易清洁。可以在釉面上滴几滴带色的液体，并擦匀，数秒钟后用湿布擦干，再检查釉面，以无脏斑点的为佳。把手伸进排污口，摸返水弯是否有釉面。合格的釉面一定是手感细腻的，可重点摸釉面转角的地方，如果粗糙说明不均匀，容易结垢。

3. 浴缸的选购

购买钢板浴缸时最好选择添加了保温层的款式。铸铁浴缸表面的搪瓷应该光滑，如有细微的波纹说明质量不佳。优质亚克力浴缸的面层应结合紧密，表面光洁、平整，没有明显的凹凸，轻轻敲击没有空洞声。实木浴缸容易漏水，可以通过倒水测试来检验。另外，浴缸的尺寸应该符合人体形状，可以躺进去试一下背部、腿和腰线等的舒适程度。

4. 淋浴房的选购

淋浴房的主材是钢化玻璃，正品的钢化玻璃仔细观察应有隐隐约约的花纹。主骨架的铝合金厚度最好在 11 mm 以上，这样门才不易变形。门的滚珠轴承一定要开启灵活，五金配件必须圆滑且为不锈钢材质。

5. 水龙头的选购

水龙头表面的镀层应光洁、均匀，不应存在毛刺、气孔、氧化斑点等瑕疵。连接件接缝处应紧密、无松动感，手柄应该转动灵活、轻便，没有阻塞滞重感。好的水龙头应该配备安装尺寸图和使用说明书，以方便安装和使用。

任务评价

知识点评价表

序号	评价内容	评价标准	配分	评价方式			
				客观评价	主观评价		
				系统	师评（50%）	互评（30%）	自评（20%）
1	预习测验	能够知道卫生洁具的种类	10				
2		能够知道卫生洁具的选购原则	10				
3		能够知道卫生洁具的选购方法	10				
4	课堂问答	能简述面盆的选购方法	10				
5		能简述坐便器的选购方法	10				
6		能正确说出浴缸的选购方法	10				
7		能简述淋浴房的选购方法	10				
8		能简述水龙头的选购方法	10				

续表

序号	评价内容	评价标准	配分	评价方式			
				客观评价	主观评价		
				系统	师评（50%）	互评（30%）	自评（20%）
9	课后作业	能应用所学知识对卫生洁具进行选购	20				
总配分			100分				

素养点评价表

序号	评价内容	评价标准	配分	评价方式			
				客观评价	主观评价		
				系统	师评（50%）	互评（30%）	自评（20%）
1	学习纪律	考勤，无迟到、早退、旷课行为	20				
2		课上积极参与互动	20				
3		尊重师长，服从任务安排	20				
4	团队意识	有团队协作意识，积极、主动与人合作	20				
5	创新意识	能够根据现有知识举一反三	20				
否决项		违反教室守则，在教室内嬉戏打闹、损坏教室设备等影响恶劣行为者，该任务职业素养记为零分	0				
总配分			100分				

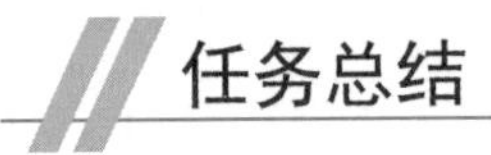

任务总结

选购卫生洁具的注意事项

首先，在选择坐便器之前要弄清卫生间预留排水口是下排水还是横排水。如果是下排水，要量好排水口中心到墙的距离，然后选择同等距离的坐便器，否则无法安装；如果是横排水，要弄清排水口到地面的高度，坐便器出水口和预留排水口高度要相同或略高才能保证排水通畅。

其次，卫生洁具的坐便器、洁面盆、浴缸三大件的颜色必须一致，并与卫生间的地砖和墙砖色泽搭配要协调。一般卫生间洁具的色泽与墙、地砖的色泽相近或略浅，面盆龙头和浴缸龙头就选择同一品牌、同一款式才显得比较协调。另外，龙头最好选择陶瓷阀芯的，因为陶瓷阀芯的龙头比橡胶芯的耐用且不漏水。

再次，如何选择节水型坐便器。人们在选择坐便器时，往往有个误解，认为水箱越小越节水，节不节水就看水箱大小。其实，坐便器是否节水主要在于坐便器冲水和排水系统及水箱配件的设计。有的坐便器水箱很小，但冲水性能差，一次冲不干净，得用两次或三次才能冲干净。有的坐便器水箱并不小，但水箱存水线很低，冲水性能好，一样节水。所以坐便器是否节水，不能光看水箱的大小，也不能只听经销商介绍，应向经销商索取国家相关部门的陶瓷产品检测报告，上面标明的坐便器冲水量才是可靠的。我国现在使用的 6 升以下的冲水量为节水坐便器。比如，“英陶”生产的 4.5 升节水坐便器为目前国内最节水型的。

最后，如何鉴别卫生洁具陶瓷质量的好坏。一般高品质洁具釉面光洁，没有针眼和缺釉现象，敲击陶瓷发出的声音清脆。而劣质产品一般釉面有较多的针眼和缺釉，外观有轻度变形（如台面盆反扣在桌面上不平整，坐便器放在地面上会左右摇晃等），商标印得较模糊或变形；敲击发出的声音沉闷等。消费者在选购卫生洁具时，还应从价格上考虑自己的承受能力，可以找内行人帮忙，选择经济、节水、美观、耐用的洁具。

任务三　家用电器的选购

任务引入

老王夫妇对于家用电器的选购有一些想法，因此设计师小李也向老王夫妇介绍了当前流行的、性价比较高的几大家用电器品牌以及产品。

随着生活水平的提高，家庭中被各种各样的家电填满。家用电器是家庭生活不可或缺的一部分，它们的质量和性能直接影响着家庭的日常生活。因此，在选购家用电器时应该特别注意，选择质量可靠、性能优良的产品，以确保家庭生活的舒适和便利。

任务分析

一、家用电器种类及应用

1. 厨房电器

并非只是在厨房使用的就叫作厨房电器（见图 5-25），它包含烤箱、电饭煲、电磁炉等等产品。

2. 制冷电器

冰箱（见图 5-26）就是最典型的一种制冷电器，因为它只能用于制冷，除此之外还有比较少见的冷饮机。

图 5-25　厨房电器

图 5-26　冰箱

3. 清洁电器

扫地机、吸尘器、洗衣机等都属于清洁电器的范畴，如图 5-27 所示。

图 5-27　清洁电器

4. 空调器

家里的空调、电风扇、除湿器等属于空调器，如图 5-28 所示。

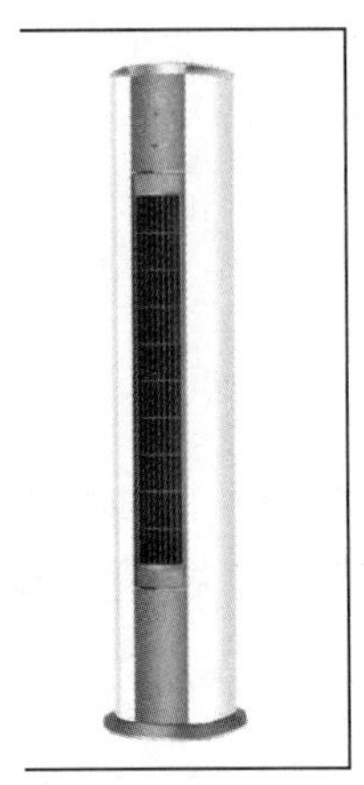
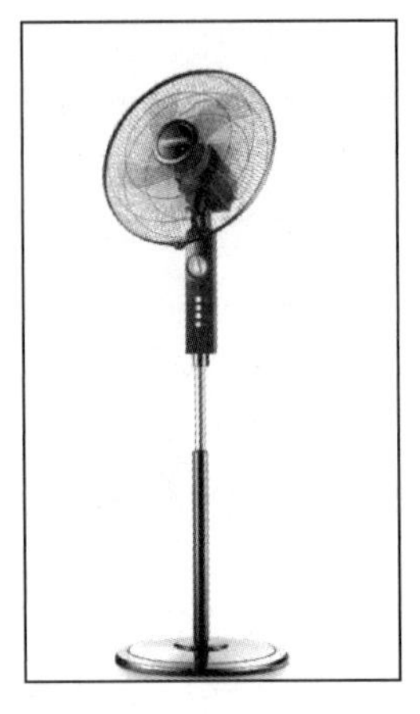

图 5-28　空调器

5. 电暖器具

电暖器具包含电暖器、电热毯、电热被等，如图 5-29 所示。

图 5-29　电暖器

6. 整容保健电器

平时使用的吹风机、卷发棒、剃须刀、按摩器、洗脚器具等属于整容保健电器，如图 5-30 所示。

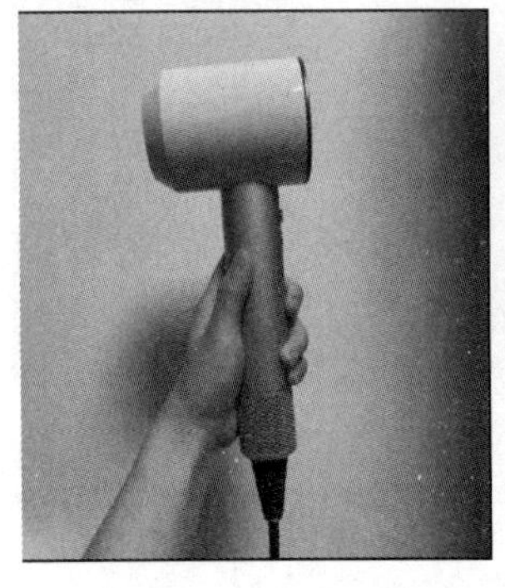
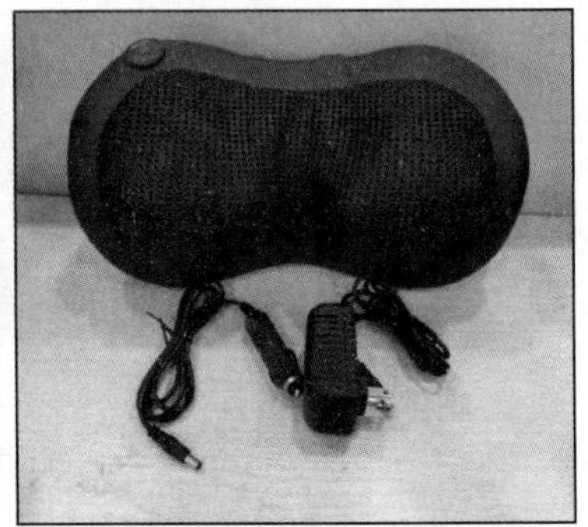

图 5-30　整容保健电器

7. 声像电器

音响、电视、录音机、投影仪等就属于这个范围，如图 5-31 所示。

图 5-31　声像电器

8. 其他电器

报警器、警铃等可以归为其他电器的范围，如图 5-32 所示。

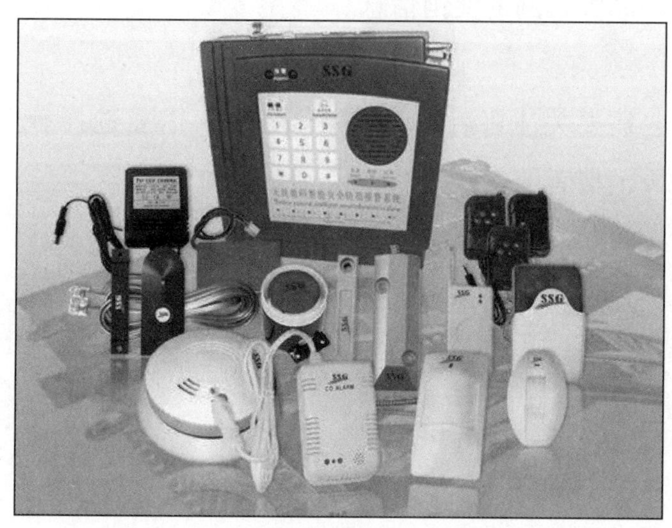

图 5-32　报警器、警铃

二、选购家用电器建议和技巧

1. 确定家用电器类型及需求

在购买家用电器之前，首先需要确定自己需要购买的电器类型和功能。例如，如果需要购买一台冰箱，需要考虑存储的物品种类和数量、冰箱的大小和布局等因素。

2. 了解家用电器品牌和产品特点

在确定了所需家用电器类型之后，需要了解不同品牌和产品的特点和优劣。可以通过搜索网上的产品评测和用户评价，了解产品的性能和可靠性。

3. 比较不同品牌和产品的性价比

在了解了不同品牌和产品的特点之后，需要对比它们的性价比。可以通过对比不同品牌和产品的价格和功能，来判断哪些产品性价比更高。

4. 考虑家用电器的尺寸和外观设计

在选择家用电器时，除了功能和性能外，外观设计和尺寸也是需要考虑的因素。需要根据家庭的实际情况和个人喜好，选择外观设计和尺寸合适的家用电器。

5. 查看其他用户的评价和使用经验

在购买家用电器之前，可以通过网上的用户评价和使用经验，了解其他人对该产品的评价和使用心得。这些信息可以帮助消费者更好地了解产品的优缺点。

6. 寻找优惠和促销信息

在购买家用电器时，可以寻找优惠和促销信息，以获取更好的价格和购买体验。可以关注电商平台的优惠活动和品牌官网的促销信息。

7. 关注售后服务和保修条款

在购买家用电器时，需要关注售后服务和保修条款。需要选择有良好售后服务和保修承诺的品牌和产品，以保障消费者的权益。

任务实施

一、洗衣机的选购

1. 洗净度和磨损率

滚筒洗衣机是模拟手搓，洗净度均匀、磨损率低、衣服不易缠绕；波轮洗衣机洗净度比滚筒洗衣机高 10%，自然其磨损率也比滚筒洗衣机高 10%。就洗净度而言，波轮洗衣机和滚筒洗衣机的洗净比大于 0.70，波轮洗衣机磨损率小于 0.15%，滚筒洗衣机小于 0.10%。

2. 耗电量和耗水量

滚筒洗衣机洗涤功率一般在 200 W 左右，如果水温加到 60℃，一般洗一次衣服都要 100 min 以上，耗电在 1.5 kW · h 左右。相比之下，波轮洗衣机的功率一般在 400 W 左右，洗一次衣服最多只需要 40 min。在用水量上，滚筒洗衣机为波轮洗衣机的 40%~50%。

3. 噪声和故障率较低

一般噪声小的洗衣机，都采用直流永磁无刷电机直接驱动，有效地防止了噪声的产生，去除了传统洗衣机因机械转动所带来的噪声，而且比采用交流电机节电 50%。一般来说，噪声越低、无故障运行时间越长，洗衣机的质量就越好。

4. 选 3C 认证名牌产品

选购洗衣机时，首先要认准产品是否已通过 3C 认证，获得认证的产品机体或包装上应有 3C 认证字样。选购时应检查是否有国家颁发的生产许可证、厂名、厂址、出厂年月日、产品合格证、检验人员的号码，以及图纸说明书、售后信誉卡、维修站地址和电话。

5. 外观壳体工艺检查

观察整台机体的油漆是否光洁亮泽；门窗玻璃是否透明清晰；功能选择和各个旋钮是否灵活；门封橡胶条是否有弹性，如弹性不足，可能会造成水从门缝中渗漏。

二、空调的选购

1. 首先考虑制冷量和空调输出功率

一定要根据房间面积大小来选择，才能保证制冷效果。

2. 变频机和定速机

变频机的工作原理是通过不同转速来输出不同大小的冷/热量，而定速机是恒定输出冷/热量，要依靠压缩机的启动和停机来控制温度。因此，变频机最大的特点：一是静音，完全没有压缩机启动和停机的机械噪声；二是温度控制能够精确到 0.5℃，而定速机的控制幅度是 2℃，所以变频机特别适合在卧室使用。由于变频机价格贵，其他房间是否选用要根据经济条件决定。关于变频机的节能性，由于变频机与定速机工作模式不同，不能绝对比较节能性，变频机使用较长时间才能体现节能，因此节能性只是选择变频机的参考因素之一，并不是最主要的因素。另外，能效比等级低的变频机还不如等级高的定速机节能。

3. 能效比等级

空调的节能性看机器型号标注最后面的数字。能效比 = 制冷量/输入功率，同样制冷量的机器，能效级数越高越节能，其中 1 级能效的机器最节能，但是价格也最贵，从性价比角度考虑，通常买 2 级的比较合适。

4. 冷/暖功能

一般的空调都是冷暖两用的，型号标注是 KFR、KFRD。如果不需要冬天制暖的，可以买单冷机，型号标注是 KF-×××。

三、冰箱的选购

1. 容量

对于一般家庭而言，选择容量在 220 升左右的冰箱比较合适，可以根据自己的生活习惯来选择大小。

2. 耗电量

目前市场上销售的冰箱都贴有节能标识，该标识分为五级，一级表示最节能。

3. 冷冻能力

冰箱的冷冻能力越强，冷冻食物的速度就越快，保鲜效果也越好。

4. 注意节能标识

节能标识标注的数值越低，表示越省电。目前最节能的标准是欧洲 A++级标准。

四、电视的选购

1. 亮度

亮度是液晶电视在白色画面下能够达到的最大亮度。一般来说，较高的亮度可以提供更明亮的画面效果，但也会增加能耗和发热量。

2. 动态对比度

动态对比度是指液晶电视的对比度能力，即图像的明暗程度。高动态对比度可以让图像更加生动、清晰，颜色层次感更强。对于液晶电视来说，常见的动态对比度标称值分为原始对比度和动态对比度两种，一般动态对比度值是原始对比度值的 3~8 倍。

3. 分辨率

分辨率是指液晶屏幕显示图像的像素点数，通常用水平像素数×垂直像素数来表示。分辨率越高，图像越清晰，但同时也需要更大的存储空间和更高的处理能力。目前市场上常见的分辨率有 720 p、1 080 p、4 K 等。

4. 响应速度

响应速度指的是液晶屏幕对输入信号的反应速度，也就是从接收信号到屏幕上出现图像的时间。如果响应时间过长，会出现拖影现象，影响观看体验。目前主流的液晶面板的响应时间已经达到了 8 ms，甚至更高。

五、微波炉的选购

1. 规格品种的选择

目前市场上的微波炉主要集中在 700~900 W，一般家庭选择 800 W 比较合适。从控制方面分为电脑式和机械式两类，从功能方面分为带烧烤式和不带烧烤式两类。电脑式适合年轻人和文化程度较高的人使用，机械式最适合中老年人使用。

2. 外观的选择

外观的选择包括造型、色彩、外表质量、制造工艺等。外观容易感觉，但内在质量较难知道。一般来说，制造工艺精良的微波炉的内在质量也不错。好的微波炉美观大方、色彩匀称、产品表面无机械碰伤和擦伤、面板平整、部件配合严密。

3. 安全性的选择

选择微波炉时要考虑其能否承受频繁的使用和高温而不变形。因此，要选择具有良好防火性能和安全保障措施的产品。

任务评价

知识点评价表

序号	评价内容	评价标准	配分	评价方式			
				客观评价	主观评价		
				系统	师评（50%）	互评（30%）	自评（20%）
1	预习测验	能够知道家用电器的种类及应用	10				
2		能够知道选用家用电器的技巧	10				
3		能够知道家用电器的选购方法	10				
4	课堂问答	能简述洗衣机的选购方法	10				
5		能简述空调的选购方法	10				
6		能正确说出冰箱的选购方法	10				
7		能简述电视的选购方法	10				
8		能简述微波炉的选购方法	10				
9	课后作业	能应用所学知识对家用电器进行选购	20				
总配分			100 分				

素养点评价表

<table>
<tr><th rowspan="3">序号</th><th rowspan="3">评价内容</th><th rowspan="3">评价标准</th><th rowspan="3">配分</th><th colspan="4">评价方式</th></tr>
<tr><th>客观评价</th><th colspan="3">主观评价</th></tr>
<tr><th>系统</th><th>师评（50%）</th><th>互评（30%）</th><th>自评（20%）</th></tr>
<tr><td>1</td><td rowspan="3">学习纪律</td><td>考勤，无迟到、早退、旷课行为</td><td>20</td><td></td><td></td><td></td><td></td></tr>
<tr><td>2</td><td>课上积极参与互动</td><td>20</td><td></td><td></td><td></td><td></td></tr>
<tr><td>3</td><td>尊重师长，服从任务安排</td><td>20</td><td></td><td></td><td></td><td></td></tr>
<tr><td>4</td><td>团队意识</td><td>有团队协作意识，积极、主动与人合作</td><td>20</td><td></td><td></td><td></td><td></td></tr>
<tr><td>5</td><td>创新意识</td><td>能够根据现有知识举一反三</td><td>20</td><td></td><td></td><td></td><td></td></tr>
<tr><td colspan="2">否决项</td><td>违反教室守则，在教室内嬉戏打闹、损坏教室设备等影响恶劣行为者，该任务职业素养记为零分</td><td>0</td><td></td><td></td><td></td><td></td></tr>
<tr><td colspan="3">总配分</td><td colspan="5">100 分</td></tr>
</table>

任务总结

家用电器选购技巧总结

1. 冰箱

1）买大的、不买小的。在合理的空间里面选大不选小，提升的不仅是储物量，还有大件物品拿取自如的爽感。

2）买风冷的、不买直冷的。直冷的便宜但结霜，风冷是利用冷气降温制冷，制冷速度快且无霜。

3）买变频的、不买定频的。取决于压缩机，不管是耗电量、控温能力，还是噪声方面，变频的都优于定频的。

4）买多门的、不买双开门的。多门的冰箱可分区拿取，互不影响，能源损耗也相对低。

5）买金属面板的、不买玻璃面板或陶瓷面板的。玻璃面板的问题是不耐脏、留手印，而陶瓷面板，甚至岩板面板的冰箱，就是普通人无法接受的贵，动辄好几万。

6）买双循环的，不买单循环的。单循环冷藏室和冷冻室共用一个蒸发器，会有窜味现象，控温也不精准，双循环的是两个蒸发器，互相不影响。

7）买一、二级能效的，不买三至五级能效的。长期使用的东西，省电一定是关键。

8）买除菌抑味的，不买无除菌抑味的。食物难以避免的细菌异味，冰箱除菌抑味是必须的，一般冷藏室都有，选购着重看冷冻室。

9）买有实在功能的，不买带杂七杂八功能的。冰箱的核心功能是储存+保鲜，其余华而不实的功能只能导致价格虚高。

2. 洗衣机

1）不选波轮洗衣机，选滚筒洗衣机。因为波轮洗衣机虽便宜，但原理决定缺点，波轮片带动水流转的时候，衣服也会缠绕打结。而滚筒洗衣机，滚动洗衣类似捶打和手揉，清洁力相对高，也不存在缠绕。功能也相对丰富，加热、烘干等功能对于相对潮湿的地区和有孩子的家庭都比较友好，上方垂直空间也可以利用。

2）不选洗烘一体机，选独立热泵式烘干机。偶尔有烘干需求的，可以考虑洗烘一体机，时间长也罢、褶皱多也罢。但如果空气比较湿润的地区，经常有烘干衣物需求的，洗烘一体机如果达不到要求还徒增工作量，独立热泵式的烘干机更合适，烘干效果好，速度也快。

3）洗衣机容量选大不选小。无论家里几口人，都有洗四件套、窗帘等大件的时候，分批可以，但毕竟麻烦。

4）外径相同看容量，容量相同看筒径。很好理解，就是“皮薄馅大”占地小，筒径越大，越符合滚筒高处摔打清洗的原理，洗涤效果自然越好。

5）机器关键看电机。DC 电机已淘汰，选具有 BLDC 变频电机的，有刷电机，声音更小，控制更精准。

6）不选皮带传动电机，选直驱电机。皮带传动会打滑，洗衣机甩干过程会有跑位、噪声等问题，久了会有磨损。

7）能效选高不选低。能选一级不选二级，不仅节能而且环保。

8）不迷恋五花八门的功能。比如连接手机、自动架液，洗衣服时都是顺手的事，无帮助的智能就叫智障。

9）不过度关注洗净比。洗净比的高低不代表洗的干不干净，因为品牌之间做不到强度统一，另外，洗涤模式不同，效果也不同，所以这个参数没有最终的参考意义。

10）不被除菌功能误导。最好的除菌方式是洗完衣服不要着急盖盖，通风晾干很重要，最行之有效的保持卫生方式就是清洁，建议定期用高温功能搭配泡腾片清洁滚筒。

3. 空调

1）选变频、不选定频空调。定频空调达到设定温度时，停止工作；高于设定温度时，又会再启动。变频空调达到设定温度时，持续低频工作，温度更稳定，舒适度更高，且相对定频空调，更省电。

2）不选太大匹数的空调。应综合室内空间大小选择，资源不浪费，具体可参考表 5-1。

表 5-1　空调建议适用面积参照表

建议适用面积	10 m^2 以下	10~15 m^2	16~20 m^2	20~30 m^2	30~50 m^2
匹数（型号）	小 1 匹（23 机）	大 1 匹（26 机）	1.5 匹（35 机）	2 匹（50 机）	3 匹（72 机）
注：23 乘以 100 就是制冷量的大小，其他依次类同。					

3）不选低能效空调。虽然能效等级高的，价格相对贵一点，但用个三五年，电费就能把差价省出来，何况一般都能用到十多年。

4）小空间不选柜机。柜机确实占地方，也比风管机便宜不了多少，所以，小空间可以选更美观，也不占地面空间的风管机方案，当然预算充足的话，中央空调也是不错的选择。

5）外机选重不选轻。外机主要是压缩机、冷凝器、风机电机等，像冷凝器，质量越好，铜管和翘片数量会越多，自然重量越重，所以同等价位的选重的。

6）不选带杂七杂八功能的空调。比如自清洁、空调体检等，作用不大，一般都是加价、揽客的噱头。

7）不选带新风的空调。想法是好的，但技术还在探索阶段，换风量也有限，建议慎选。

8）不把空调装在柜子里。缺点大于优点，颜值没有多大提升，反而是使用还得开柜子，增加不必要的麻烦。

4. 电视

1）买大尺寸，不买小尺寸。在预算允许，且能放得下的情况下，选大不选小，科技感、体验感更爽。

2）买运存 3 GB 以上的，不买 2 GB 的。运存关乎流畅度，单一的网络电视功能 2 GB 倒是够，但需要连接其他游戏设备的话，就会出现卡顿。而且，要避雷 GB 和 Gb 的区别，8 Gb = 1 GB，如果宣传运存 12 Gb 的，实际运行内存只有 1.5 GB。

3）买能装软件的，不买不能装的。能装软件就意味着电视有更多功能，比如 K 歌、上网盘、看独家视频等。

4）买有 A73、A55 芯片架构的，不选有 A53 架构的。这是电视的核心处理器，参数越低就会越卡顿，而且是越用越卡。不懂就直接对参数，A73 是最新架构，A55 是目前应用最普遍的，A53 是接近淘汰的。

5）买亮度高的，不买亮度低的。体现在具体场景中，就是光最亮的时候，电视不觉得暗，而光暗的时候，电视也不会亮得刺眼。

6）买高刷新率的，不买低刷新率的。刷新率越高能给人的画面越流畅，iPhone13 的刷新率是 60 Hz，电视能做到这个标准就完全够用了，再高还有 120 Hz，相对专业。

7）分辨率买真 4 K，不买假 4 K。假 4 K 在 RGB 三原色中加了白色凑点数，识别方法很容易，手机拍照放大，有白色光点的就是假 4 K。

8）买有图像芯片的，不买无图像芯片的。有图像芯片的能增强画面中的细节，以达到更好的显示效果，基本一线电视品牌都有，而新生的互联网品牌，在这块很薄弱，对画面要求高的，注意避雷。

5. 油烟机

1）买对的不买贵的。目前，5 000 元以内的完全够用，再贵就是连带功能差异了。

2）不选带屏幕的。预算支出比平板可能要高，效果势必不如平板，而且天天饱受油烟熏陶，难以避免的故障。

3）选侧吸不选顶吸烟机。顶吸拢烟好，但油烟会过脸，对爱美的女性不友好，而侧吸采取近吸侧排，拢烟效果虽不如顶吸，但一般家庭烹饪完全够用。

4）不选小家电品牌烟机。贴牌的情况比较多，而且正儿八经的烟机厂家不做代工，所以，买到的基本是小厂制作，故障率相对高，且售后没保证。

5）别崇洋媚外。要匹配咱国人的爆炒习惯，外国 $15m^3/min$ 左右的排风量大多是有心无力，需要 $18m^3/min$ 以上，何况 $21m^3/min$ 的国产烟机都随处可见。

6）不选有刷电机。烟机的“心脏”，一定是越耐用越好，直流电机性能衰减慢，寿命将更长。

7）不选定频烟机机。定频用久了吸烟效果会下降，而变频烟机能根据油烟大小、烟道压力变化调节风压，更智能。

8）不选风量低于 $20m^3/min$，风压小于 300 Pa 的。高压、高风量才能吸得更净。

6. 燃气灶

1）不选普通脉冲点火的，选自动脉冲点火的。区别是普通脉冲要按压旋转开关点火，中途松手会灭掉，自动脉冲点火是即拧即着，也不存在中途灭掉的情况，体验更好。

2）炉头要选全封闭、能拆卸的。没封闭的溢锅汤水会漏下去，泡坏内部原件，降低炉头使用寿命，选能拆卸的是为了清洗方便。

3）火盖炉头材质选铜合金或不锈钢的。拒绝铁的，用久了会生锈，影响火力。

4）炉架选聚能功能的，不选单一支架的。能减少热量散失，相对节能，还能挡风。

5）灶台进风模式选三维立体进风，不选单一进风口。三维立体进风，燃气燃烧充分时火力也大。

6）灶台选钢化玻璃面板。颜值高、易清洁，不选不锈钢面板的，用久了会有划痕，附着油污。

7）不选热效率低的。一般热效率在55%~70%，建议选63%以上的，最好是一级能效的，燃烧充分，废气更少，且小火炖煮也很稳。

8）不选过大额定热负荷的。家用4.2 kW就够用，没必要追求过大，造成浪费。

7. 洗碗机

1）买套数大的，不买套数小的。套数等同容量，自然是套数大的容量大，大大小小的锅都能一并塞进去洗的那种感觉真的很爽。

2）买带保管功能的，不买不带的。不光洗，还得能充当碗柜，不然占用那么大的地方岂不是浪费，带保管功能的，里面会有个小的通风口，会间歇性开启通风，排除湿气，再配合杀菌和抑菌灯，才有保管功效。

3）买热风烘干的，不买冷凝烘干的。热风烘干大致原理是从外部引入空气加热，再通过排风口抽出湿气，烘干效果很好，而冷凝烘干，总会有一些冷凝水，导致内腔返潮严重。

4）买喷臂多的，不买少的。简单点理解，就是喷头越多，清洗越周到，少的势必会有弯弯绕绕。

5）买嵌入式的，不买独立的。独立式的占地大，还得找地方安放，不如买嵌入式的，和橱柜融为一体，更美观。

6）买带软水的，不买不带的。软水的目的是软化水，软化后的水长期使用不会存在水垢问题，不带软水功能的，后期还得再做洗碗机内部清洁。

7）买带消毒功能的，不买不带的。带消毒功能的洗碗机，相当于洗碗机+消毒柜两个机器，而且投资价格只是一个机器的价格，当然是要买带消毒功能的。

8. 智能锁

1）买活体指纹识别的，不买光电识别的。原因很简单，一个识别的是活体，一个识别的是纹路，当然是活体指纹识别的锁安全性更高。

2）买把手式、推拉式，不买嵌入式。把手式、推拉式，开门步骤基本相同，方便就行，而嵌入式的，锁是嵌在门里面的，一般会门、锁一起卖，一般家庭换锁就行，没必要为换锁再换个门。

3）买假插芯的，不买真插芯的。这个刚好是买假不买真，其实两者的区别是面板破坏后漏出来的是锁还是锁芯。之所以选假插芯，是因为盗贼面板都破坏了还在乎一个锁芯么，噱头大于实际意义，且真插芯是完整的锁，价格也更贵。

4）买指纹识别率高的，不买识别率低的。识别率高低，不要盲目听信商家宣传，高的识别率一定是老人的磨损指纹、小孩相对较浅的指纹都能识别，所以最直接有效的方法就是带上老人孩子买锁。

5）买B、C级锁，不买A级锁。很简单，A级锁芯内部结构简单、好撬开，据说只需1分钟，B级需要5分钟，C级10分钟，当然是在预算范围内，选花费时间最长的那个。

6）买实用的，不买带杂七杂八功能的。类似胁迫报警、远程授权密码等，真正信得过的人也不需要；还有人形侦测录像，录得都是自己和邻居的身影。有用的功能是等门没关上的虚掩提醒和人脸识别。

任务四　门窗及门窗套的选购

任务引入

老王夫妇看到市场上五花八门的门窗，一时间不知道该怎样选购，这时设计师给出了相应的建议与选购方案。

门窗就像是建筑的眼睛，是整个建筑的关键之处。它们不仅能够美化空间，还能够起到安全保卫的作用。根据不同的功用和材料等，门窗也分为很多类。在选购时，需要注意很多细节之处。

任务分析

一、门窗分类

1. 按门窗的功能分

按门窗的功能分为百叶门窗、保温门、防火门、隔声门等，如图 5-33 所示。

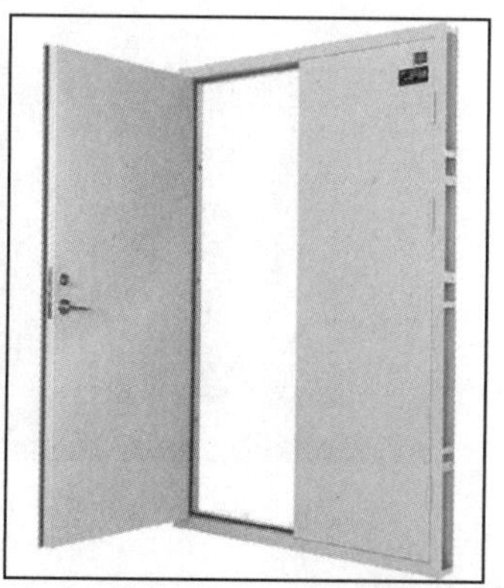

图 5-33　百叶门窗、保温门、防火门

2. 按门窗的开启方式分类

1）平开门窗［见图 5-34（a）］：门窗扇向内开或向外开。

2）推拉门窗［见图 5-34（b）］：门窗扇启闭采用横向移动方式。

3）折叠门［见图 5-34（c）］：开启时门扇可以折叠在一起。

4）转门窗［见图 5-34（d）］：门窗扇以转动方式启闭。转窗包括上悬窗、下悬窗、中悬窗、立转窗等。

5）弹簧门［见图 5-34（e）］：装有弹簧合页的门，开启后会自动关闭。

6）其他门：包括卷帘门［见图 5-34（f）］、升降门、上翻门［见图 5-34（g）］等。

（a）

（b）

（c）

（d）

（e）

（f）

（g）

图 5-34　不同开启方式的门窗

（a）平开门窗；（b）推拉门窗；（c）折叠门；（d）转门窗；（e）弹簧门；（f）卷帘门；（g）上翻门

3. 按门窗材料分

按门窗材料可分为木门窗、塑料门窗、铝合金门窗、钢门窗、玻璃钢门窗、钢筋混凝土门窗等。不同材料的门窗如图 5-35 所示。

（a）　（b）　（c）　（d）

图 5-35　不同材料的门窗

（a）木门窗；（b）塑料门窗；（c）铝合金门窗；（d）钢门窗

4. 按门窗的位置分

按门窗的位置，门分为外门和内门，窗分为侧窗（设在内外墙上）和天窗。

二、门扇的构造

1. 拼板门

用木板拼合而成的门，坚固耐用，多为大门。

2. 夹板门

中间为轻型骨架，两面贴胶合板、纤维板等薄板的门，一般为室内门。

3. 镶板门

门扇由骨架和门芯板组成。门芯板可为木板、胶合板、硬质纤维板、塑料板、玻璃等材质。门芯板为玻璃材质时，则为玻璃门。门芯板为纱或百叶时，则为纱门或百叶门。也可以根据需要，部分采用玻璃、纱或百叶，如上部玻璃、下部百叶组合等方式。

三、塑钢门窗

塑钢门窗是新一代门窗材料，因其抗风压强度高，气密性、水密性好、空气、雨水渗透量小，传热系数低，保温节能，隔声隔热，不易老化等优点，正在迅速取代钢窗和铝合金窗。

1. 塑钢门窗的制造

塑钢门窗一般是在工厂用塑钢门窗专用的切割、焊接设备制造的，是半自动化或自动化生产，质量可以得到保证。

2. 塑钢门窗的构造

塑钢门窗以加上一定比例的稳定剂、着色剂、填充剂、紫外线吸收剂等材料的硬聚氯乙烯（VPVC）塑料型材为主材，加上五金件组成。型材为多孔空腔，主腔内有冷轧钢板制成的内衬钢，用以提高塑钢门窗的强度。型材壁厚应在 2. 5 mm 以上。

任务实施

一、塑钢门窗的选购

1. 重视表面质量

好的门窗表面的塑料型材色泽应为青白色或象牙白色，洁净、平整、光滑，大面无划痕、碰伤，焊接口无开焊、断裂。质量好的塑钢门窗表面应有保护膜，用户使用前再将保护膜撕掉。

2. 不应该购买廉价的塑钢门窗

好的塑钢门窗的塑料质量、内衬钢质量、五金件质量都较高，寿命可达十年以上。而廉价塑钢门窗使用的型材，碳酸钙含量超过 50%，添加剂含有铅盐，稳定性差，且影响人体健康。内衬钢是热轧板，厚度不够，有的甚至没有内衬钢，玻璃、五金件也都是劣质品，使用寿命只有二三年。

3. 重视玻璃和五金件

玻璃应平整、无水纹。玻璃与塑料型材不直接接触，有密封压条贴紧缝隙。五金件齐全、位置正确、安装牢固、使用灵活。

二、实木门的选购

实木门是高档次豪华型门窗装饰的一部分，通常采用红春木、泰柚木或花梨木制作。商品实木门规格有 80 cm×190 cm、80 cm×200 cm、90 cm×200 cm 几种。每扇门的价格在 1 500~

3 000 元不等，优质上等柚木门要高达 3 000~4 000 元。

除了实木门，还有创新的塑钢门可供选择。以钢材做衬框，外皮镶以塑料，外观颇有硬木大漆效果。塑钢门可以做成双层门，并附带门框，每套价格在 500~800 元。也可以根据门口尺寸规格实测，准确进行定做。塑钢门具有保温、隔热、消声、吸声、阻燃等特性，经济实用，外观华丽。

三、木门的选购

最受人们欢迎的当数采用集成材工艺制作的木门。这种工艺选用优质木材，经过分割处理后重新组合，采用国际先进木材加工工艺制成。它破坏了木材原有的细胞结构，组成新的结构，使之成为不易翘曲、变形、开裂的新型木材，能够适应温度和湿度的变化。此种木材在美国、日本等一些发达国家尤其受到人们的欢迎。

如果在集成材表面再贴上一层稀有树种的刨切单板，如欧洲山毛榉、美国红橡等，普通的木门就能够摇身一变，成为高贵典雅、豪华气派的高级工艺木门，使居室更加华丽。

四、防盗门的选购

1. 结构要合理

附带门框的防盗门更坚固保险，而且便于夏天装纱窗。门栅栏钢管的间距不大于 6 cm（手伸不进来最好）。

2. 材质要厚实

管材板厚一般不低于 1.2 mm，钢管的表面处理光洁度高、无毛糙起泡，材质厚实的钢管敲打起来音质好，手感稳重。

3. 锁具

要选用锁舌锁头多保险功能的防盗锁，室内外都能开启或锁定，并在门上安装门锁保护铁板，使无钥匙者难以撬动。

五、门窗套的选购

1. 材料

现在市场上的门窗套材料主要包括实木、大理石和塑钢等。在装修中，实木门窗套材料被广泛使用，因为它的审美性比塑钢好，而大理石的价格又比较昂贵。因此，许多消费者选择实木作为门窗套的主要材料。

2. 颜色

门窗套的颜色应该与门或窗的颜色相匹配。如果门或窗的颜色较深，那么门窗套的颜色最好是相同或相近的颜色。如果门或窗的颜色较浅，那么门窗套的颜色最好以白色为主。

3. 密度

门窗套的安装质量将直接影响门或窗的使用效果和美观度。为了达到不易变形、隔声、防潮的效果，最好选择多层实木门窗套。但是这种门窗套的价格会比较高。

4. 价格

一般来说，门窗套的价格是按照每扇门窗套的价格或者按每平方米的价格来计算的。不同材料的门窗套价格也有所不同，因此在选购时可以根据自身情况选择适合的门窗套材料和价格。

任务评价

知识点评价表

序号	评价内容	评价标准	配分	评价方式			
				客观评价	主观评价		
				系统	师评（50%）	互评（30%）	自评（20%）
1	预习测验	能够知道门窗的分类	10				
2		能够知道门扇的构造	10				
3		能够知道钢塑门窗的制造与构造	10				
4	课堂问答	能简述塑钢门窗的选购方法	10				
5		能简述实木门的选购方法	10				
6		能正确说出木门的选购方法	10				
7		能简述防盗门的选购方法	10				
8		能简述门窗套的选购方法	10				
9	课后作业	能应用所学知识对门窗及门窗套进行选购	20				
总配分			100 分				

素养点评价表

<table>
<tr><th rowspan="3">序号</th><th rowspan="3">评价内容</th><th rowspan="3">评价标准</th><th rowspan="3">配分</th><th colspan="4">评价方式</th></tr>
<tr><th>客观评价</th><th colspan="3">主观评价</th></tr>
<tr><th>系统</th><th>师评（50%）</th><th>互评（30%）</th><th>自评（20%）</th></tr>
<tr><td>1</td><td rowspan="3">学习纪律</td><td>考勤，无迟到、早退、旷课行为</td><td>20</td><td></td><td></td><td></td><td></td></tr>
<tr><td>2</td><td>课上积极参与互动</td><td>20</td><td></td><td></td><td></td><td></td></tr>
<tr><td>3</td><td>尊重师长，服从任务安排</td><td>20</td><td></td><td></td><td></td><td></td></tr>
<tr><td>4</td><td>团队意识</td><td>有团队协作意识，积极、主动与人合作</td><td>20</td><td></td><td></td><td></td><td></td></tr>
<tr><td>5</td><td>创新意识</td><td>能够根据现有知识举一反三</td><td>20</td><td></td><td></td><td></td><td></td></tr>
<tr><td colspan="2">否决项</td><td>违反教室守则，在教室内嬉戏打闹、损坏教室设备等影响恶劣行为者，该任务职业素养记为零分</td><td>0</td><td></td><td></td><td></td><td></td></tr>
<tr><td colspan="3">总配分</td><td colspan="5">100分</td></tr>
</table>

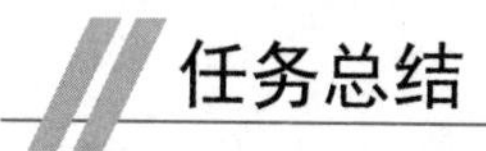

任务总结

门窗的选购技巧

1. 材质的选择

门窗的材质是决定其品质和性能的关键因素之一。常见的门窗材质包括木材、铝合金、塑钢等。而在选择材质时，我们应该考虑以下几个因素：

1）耐久性：门窗要能经受得住长时间的使用和环境变化，因此选择具有良好耐久性的材质至关重要。

2）隔声性能：如果我们希望享受安静的室内环境，选择具有良好隔声性能的门窗材质是必要的。

3）保温性能：门窗是房子的散热隔离层，选择具有良好保温性能的材质可以提高能源利用效率，降低能源消耗。

2. 玻璃的选择

门窗的玻璃也是需要我们重点关注的部分。合适的玻璃不仅可以提供良好的采光效果，还能够改善隔热和隔声性能。在选择玻璃时，我们需要考虑以下几个因素：

1）透光性：选择具有良好透光性的玻璃可以让室内更加明亮，提高居住舒适度。

2）隔热性：选择具有隔热性能的玻璃可以减少热量的传递，降低空调能耗。

3）防紫外线：选择具有良好紫外线防护功能的玻璃可以保护家具和室内物品免受紫外线的伤害。

3. 尺寸的准确度

选购门窗时，尺寸的准确度是非常重要的。门窗的尺寸必须与墙体的尺寸相匹配，否则会导致安装不稳定或者无法安装的情况发生。因此，在选购门窗时，我们应该确保准确测量墙体的尺寸，并选择合适尺寸的门窗。

4. 安全性能

门窗作为房屋的出入口，安全性是不可忽视的一个方面。我们应该选择具有良好安全性能的门窗，以保护家人的安全。在选购门窗时，可以考虑以下几个安全性能：

1）抗风压性能：选择具有良好抗风压性能的门窗，能够在恶劣天气条件下保持稳定。

2）防盗性能：门窗应该有良好的防盗设计，例如加装防盗锁具、钢化玻璃等。

3）防火性能：选择具有良好防火性能的门窗，可以提供更高的安全性。

5. 设计与风格

门窗的设计与风格是影响房屋整体美观的重要因素。我们应该选择与整体装修风格相匹配的门窗设计与风格。不仅要考虑门窗的外观，还要考虑与室内装修风格的协调性。在选购门窗时，可以根据个人喜好和整体装修风格选择适合的设计与风格。

6. 售后服务与保修

在选购门窗时，我们也应该关注售后服务与保修政策。优质的售后服务可以帮助我们解决在使用过程中遇到的问题，而良好的保修政策可以保障我们的权益。因此，在选购门窗时，我们可以了解商家的售后服务和保修政策，并选择提供全面保障的商家。

任务五　小五金的选购

任务引入

老王夫妇发现小五金还没选购，可是对五花八门的各类五金，他们也不知道该不该买、该买哪些，于是设计师根据老王家的装修情况给出了相应的建议。

小五金商品种类繁多，标准各异，在家居装修中起着不可替代的作用。挑选好的五金配件可以使许多装修材料运用起来更安全、快捷。现在市场上经营的五金类商品共有十余类上百个品种。

任务分析

小五金分类

1. 锁类

主要有外装门锁、执手锁、抽屉锁、球形门锁、玻璃橱窗锁、电子锁、链子锁、防盗锁、浴室锁、挂锁、号码锁、锁体、锁芯，部分锁具如图 5-36 所示。

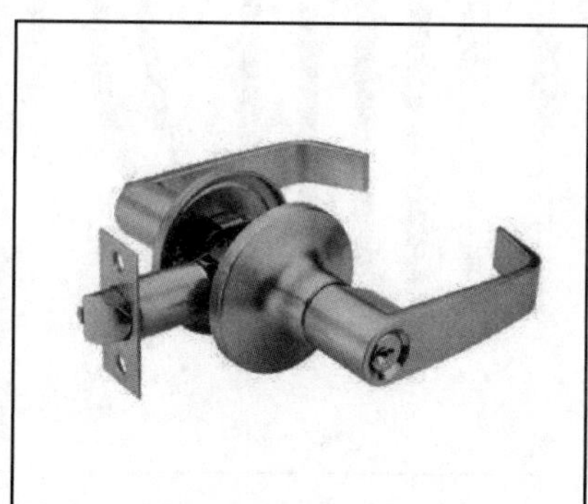

图 5-36 部分锁具

2. 拉手类

这类五金主要有抽屉拉手、柜门拉手、玻璃门拉手，部分拉手如图 5-37 所示。

3. 门窗类五金

1）合页：玻璃合页、拐角合页、轴承合页（铜质、钢质）、烟斗合页。

2）铰链。

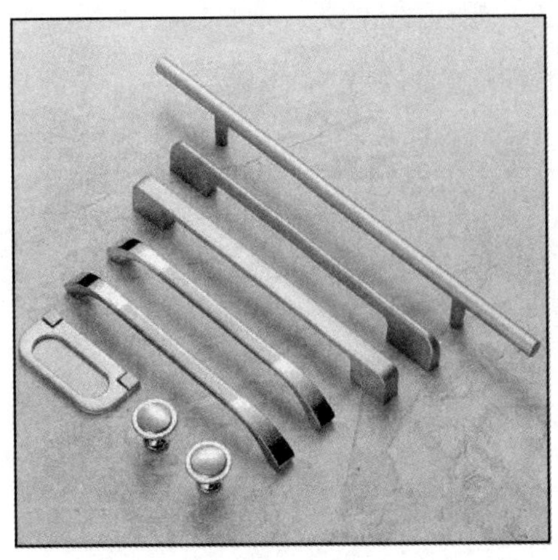

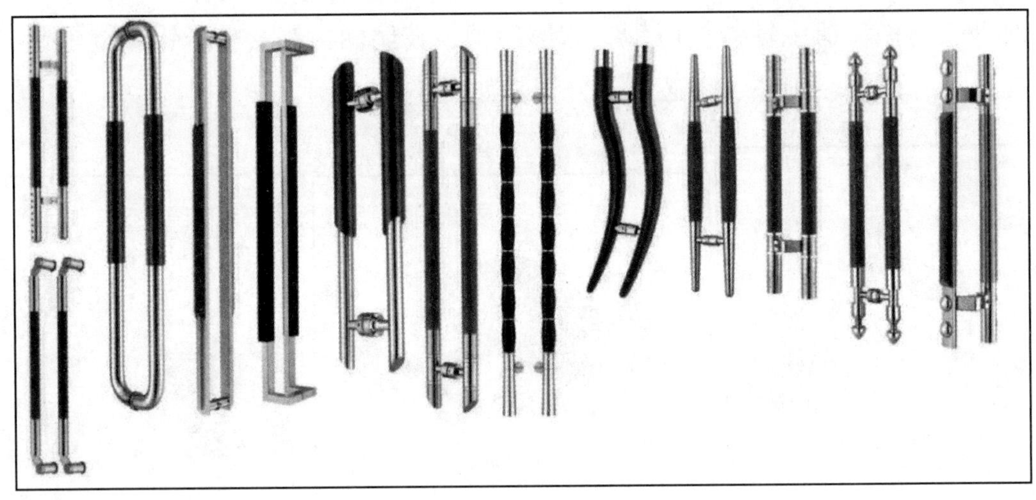

图 5-37 部分拉手

3）轨道：抽屉轨道、推拉门轨道、吊轮、玻璃滑轮。

4）插销（明、暗）。

5）门吸。

6）地吸。

7）地弹簧。

8）门夹。

9）闭门器。

10）板销。

11）门镜。

12）防盗扣吊。

13）压条（铜、铝、PVC）。

14）碰珠、磁碰珠。

部分门窗类五金如图 5-38 所示。

(a) (b) (c) (d) (e) (f) (g) (h) (i)

图 5-38 部门门窗类五金

(a) 合页;(b) 铰链;(c) 插销;(d) 门吸;(e) 地吸;(f) 门夹;(g) 闭门器;(h) 门镜;(i) 防盗扣吊

4. 家庭装饰小五金类

万向轮、柜腿、门鼻、风管、不锈钢垃圾桶、金属吊撑、堵头、窗帘杆(铜质、木质)、窗帘杆吊环(塑料、钢质)、密封条、升降晾衣架、衣钩、衣架，部分装饰小五金如图 5-39 所示。

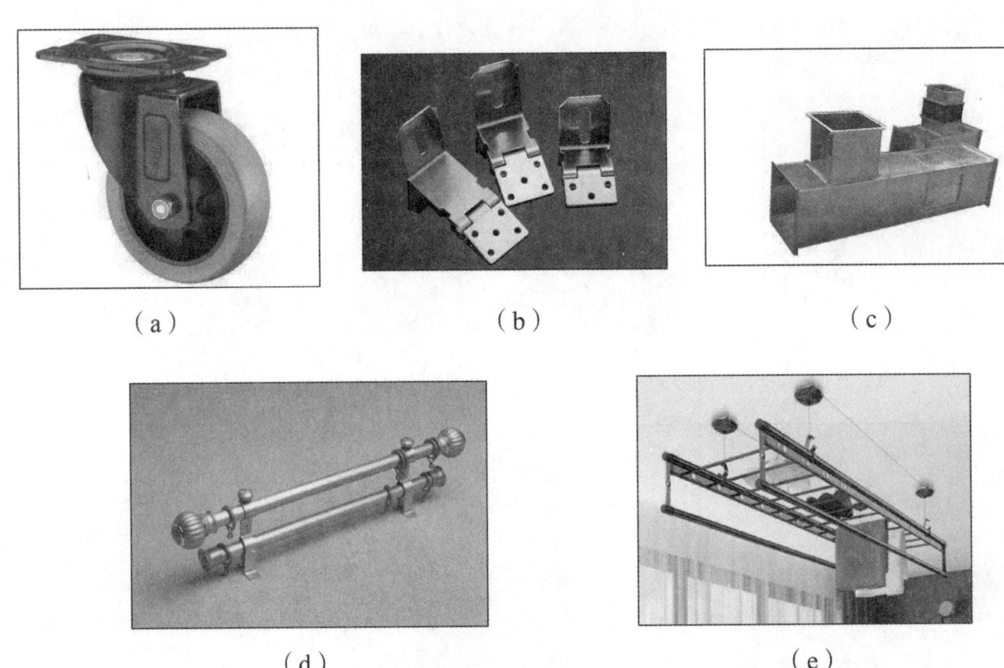

图 5-39　部分装饰小五金

(a) 万向轮；(b) 门鼻；(c) 风管；(d) 窗帘杆；(e) 升降晾衣架

5. 水暖五金类

铝塑管、三通、对丝弯头、防漏阀、球阀、八字阀、直通阀、普通地漏、洗衣机专用地漏、生料带，部分水暖五金如图 5-40 所示。

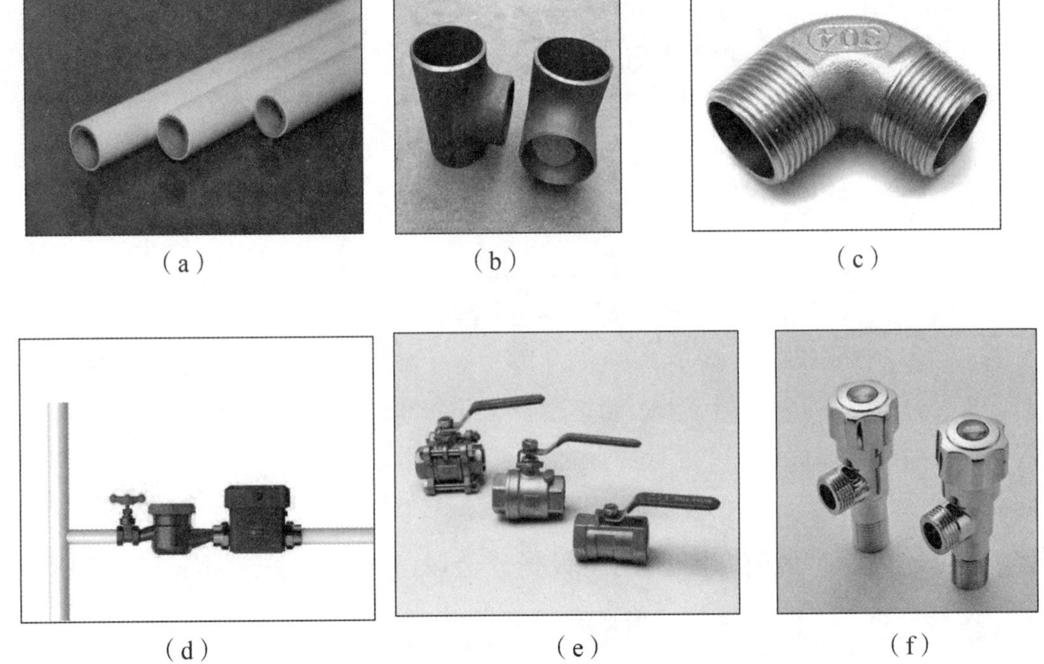

图 5-40　部分水暖五金

(a) 铝塑管；(b) 三通；(c) 对丝弯头；(d) 防漏阀；(e) 球阀；(f) 八字阀；

(g)

(h)

(i)

图 5-40　部分水暖五金（续）

(g) 直通阀；(h) 普通地漏；(i) 洗衣机专用地漏

6. 建筑装饰小五金类

镀锌钢管、不锈钢管、塑料胀管、拉铆钉、水泥钉、广告钉、镜钉、膨胀螺栓、自攻螺钉、玻璃托、玻璃夹、绝缘胶带、铝合金梯子、货品支架，部分建筑装饰小五金如图 5-41 所示。

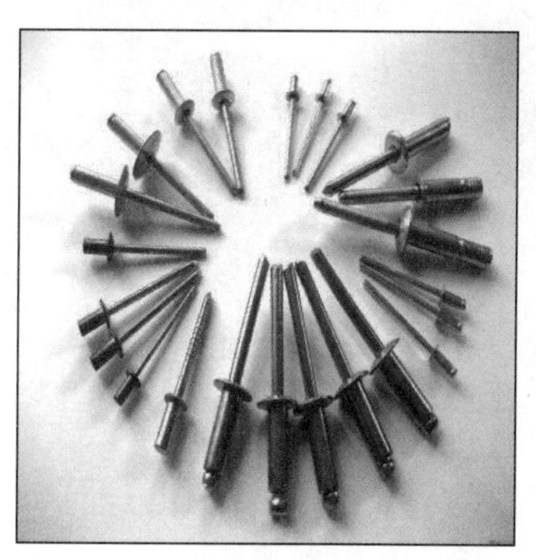

(a)

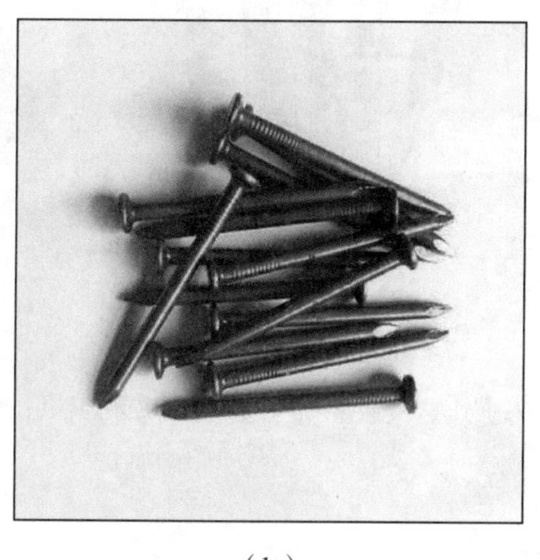

(b)

(c)

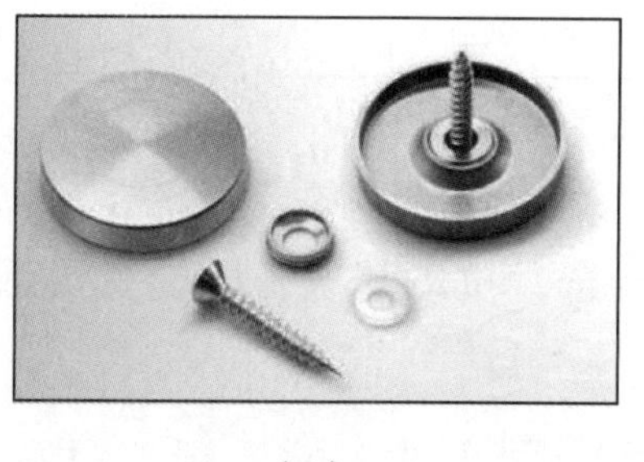

(d)

(e)

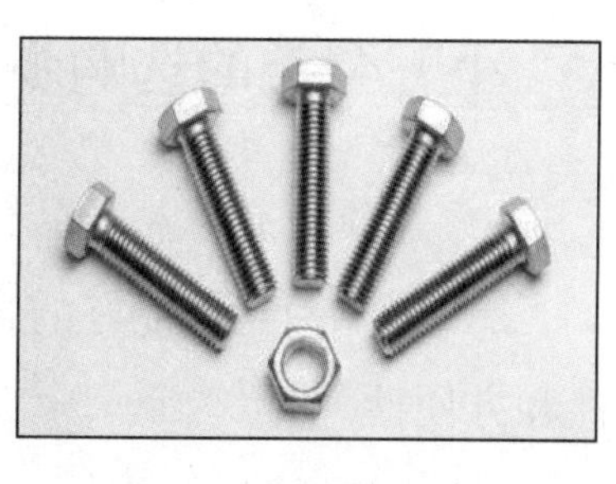

(f)

图 5-41　部分建筑装饰小五金

(a) 拉铆钉；(b) 水泥钉；(c) 广告钉；(d) 镜钉；(e) 膨胀螺栓；(f) 自攻螺钉

7. 工具小五金类

钢锯、手用锯条、钳子、螺丝刀、卷尺、克丝钳、尖嘴钳、斜嘴钳、玻璃胶枪、钻头（直柄麻花钻头、金刚石钻头、电锤钻头）、开孔器，部分工具小五金如图 5-42 所示。

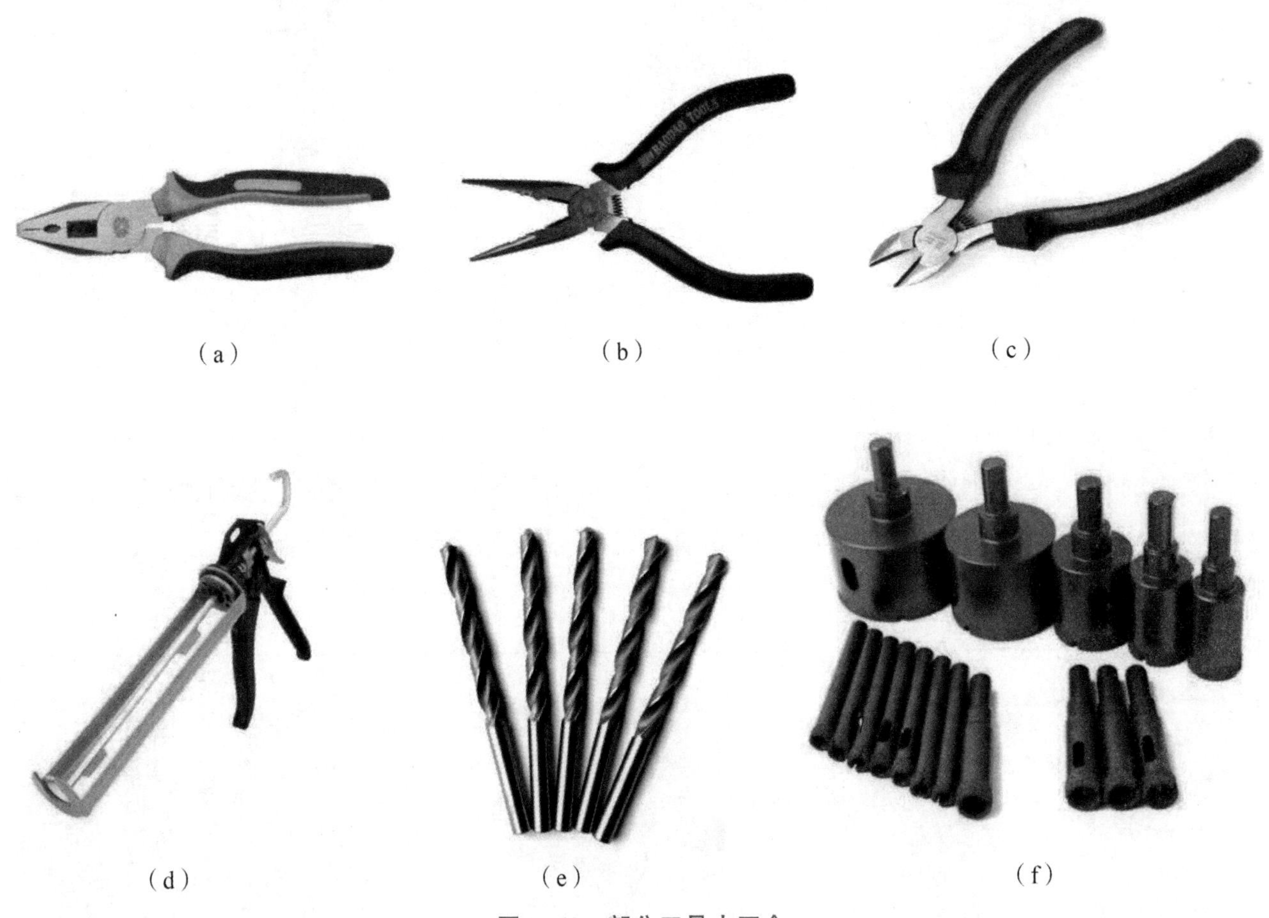

（a）　（b）　（c）

（d）　（e）　（f）

图 5-42　部分工具小五金

（a）克丝钳；（b）尖嘴钳；（c）斜嘴钳；（d）玻璃胶枪；（e）钻头；（f）开孔器

任务实施

小五金类的选购步骤

1）选择有品牌、产品合格证和保修卡的。

2）选择密封性能好的合页、滑轨、锁具。在选购时，可以开合、拉动几次，感受其灵活性和方便性。

3）选择手感沉重并灵活性能好的锁具。在选购时，可以插拔钥匙几次，看看顺不顺畅，开关拧起来是否省力。

4）选择外观性能好的各类装饰五金件。在选购时，主要看外观是否有缺陷，电镀光泽如何，手感是否光滑，有没有气泡、斑点和划痕等。

任务评价

知识点评价表

序号	评价内容	评价标准	配分	评价方式			
				客观评价	主观评价		
				系统	师评（50%）	互评（30%）	自评（20%）
1	预习测验	能够知道小五金的分类	10				
2		能够知道小五金的选购原则	10				
3		能够知道小五金的选购步骤	10				
4	课堂问答	能简述常用锁的种类	10				
5		能简述常用拉手的种类	10				
6		能正确说出常用门窗用小五金的种类	10				
7		能简述装饰小五金的种类	10				
8		能简述水暖小五金的种类	10				
9	课后作业	能应用所学知识对小五金进行选购	20				
总配分			100分				

素养点评价表

序号	评价内容	评价标准	配分	评价方式			
				客观评价	主观评价		
				系统	师评（50%）	互评（30%）	自评（20%）
1	学习纪律	考勤，无迟到、早退、旷课行为	20				
2		课上积极参与互动	20				
3		尊重师长，服从任务安排	20				

续表

序号	评价内容	评价标准	配分	评价方式			
				客观评价	主观评价		
				系统	师评（50%）	互评（30%）	自评（20%）
4	团队意识	有团队协作意识，积极、主动与人合作	20				
5	创新意识	能够根据现有知识举一反三	20				
否决项		违反教室守则，在教室内嬉戏打闹、损坏教室设备等影响恶劣行为者，该任务职业素养记为零分	0				
总配分			100 分				

任务总结

小五金的选购技巧

1. 五金工具选购

在购买五金工具时，要先了解自己需要哪些工具，再依据自己的需求选择品牌和质量等级。对于常用的螺丝刀和扳手等工具，可以选择一些品牌较好、质量较高的产品；对于一些长期不常用的工具，就可以选择价格较便宜的，以节省成本。

2. 门窗五金选购

在选择门窗五金时，要根据门窗的实际情况来选购。比如铰链、门把手、锁芯等五金用品，要选择与门窗配套的尺寸和型号，以确保安装成功。此外，还要注意选择材质和质量较好的产品，以确保使用寿命和安全性。

3. 厨房、卫浴五金选购

在购买厨房和卫浴五金用品时，要先考虑自己的使用需求和空间大小等因素。比如，厨房的吸油烟机、水龙头和水槽等五金用品，要选购适合自己的品牌和型号；卫浴五金用品也要选择材质和品牌质量较好的产品，以确保使用安全和舒适。

4. 五金配件选购

在购买五金配件时，要根据实际要求来选购。比如机械配件、紧固件、密封件等，要选择符合国家标准的产品；电子配件和汽车配件等，则要选择可靠性高、品质稳定的产品，确保使用安全和长久。

5. 五金饰品选购

在选择五金饰品时，要先考虑个人品味和风格偏好。比如，项链、耳环、手链等五金饰品，可以选择比较流行的品牌和新款式，以符合自己的时尚需求；而戒指、手表等五金饰品，则要选择品牌和款式与自己的需求和预算相符的产品。

案例讨论

在浙江某幕墙装饰工程的现场，在项目正式开工之前，那份详尽的现场班组安全、技术、质量交底书具有极其重要的指导意义。其中明确规定：全体施工人员务必熟悉工作的先后顺序，要坚定不移地严格执行公司所制定的安全操作规程，按要求精心进行操作及施工。

特殊工种必须持证上岗，这一要求不仅是对工作专业性的保障，更是对生命安全的郑重承诺。各类电器设备的管理、维护、保养，只能由经过专业培训且拥有相关证书的人员上岗使用和操作，严禁那些对电器、机械设备一知半解甚至完全不懂的人员在施工区域和生活区域贸然进行操作。

从这一系列的规定中，我们可以清晰地看到，除了强烈的安全意识外，对于工人上岗前的专业技能培训也是至关重要的。我们需要由专业的人做专业的事，这不仅能够确保工作的质量和效率，更是对社会责任的担当。

在社会主义现代化建设的进程中，各行各业都需要秉持这种专业精神。就如同我国的航天事业，每一个环节都由专业的科研人员和技术工人精心操作，他们凭借着扎实的专业知识和丰富的实践经验，攻克了一个又一个技术难题，让我国的航天事业取得了举世瞩目的成就。又如医护人员凭借专业的医疗知识和技能，勇敢地冲在第一线，为保护人民的生命健康做出了巨大贡献。

我们每个人在自己的工作岗位上，都应该努力提升自己的专业素养，以敬业、精益、专注、创新的工匠精神，为实现中华民族伟大复兴的中国梦贡献自己的力量。只有这样，我们才能在建设社会主义现代化强国的道路上稳步前行，创造更加美好的未来。

参考文献

［1］姚晓莹．建筑装饰装修工程施工［M］．北京：机械工业出版社，2023.

［2］陈亚尊．建筑装饰工程施工技术［M］.2 版．北京：机械工业出版社，2021.

［3］王国彬，孙琪．室内装饰装修施工教程［M］．北京：化学工业出版社，2022.

［4］中华人民共和国建设部．GB 50327—2001 住宅装饰装修工程施工规范［S］．北京：中国建筑工业出版社，2002.

［5］上海市质量技术监督局．DB 31/T 5000—2012 住宅装修服务规范［S］.2012.

［6］李继业，周翠珍，胡琳．建筑装饰装修工程施工技术手册［M］．北京：化学工业出版社，2017.

［7］陈保胜，张剑敏，马怡红．建筑装饰工程施工［M］．北京：中国建筑工业出版社，1995.

［8］李军，陈雪杰，业之峰装饰，等．室内装饰装修完全图解教程［M］．北京：人民邮电出版社，2015.

［9］陈永．图说建筑装饰施工技术［M］．北京：机械工业出版社，2016.